ÜBER DIE LÖSUNGEN.

EINFÜHRUNG
IN DIE THEORIE DER LÖSUNGEN, DIE DISSOZIATIONS-THEORIE UND DAS MASSENWIRKUNGSGESETZ.

NACH VORTRÄGEN

GEHALTEN IM PHYSIOLOGISCHEN VEREINE UND IM VEREINE ZUR BEFÖRDERUNG DES NATURWISSENSCHAFTLICHEN UNTERRICHTES ZU BRESLAU

VON

DR. W. HERZ
PRIVATDOZENTEN FÜR CHEMIE AN DER UNIVERSITÄT BRESLAU.

LEIPZIG
VERLAG VON VEIT & COMP.
1903

Druck von Metzger & Wittig in Leipzig.

Vorwort.

Die Schrift verdankt ihre Veröffentlichung dem Wunsche vieler Zuhörer in einer Reihe von Vorträgen, die ich im Physiologischen Vereine vor Ärzten und im Vereine zur Förderung des naturwissenschaftlichen Unterrichtes vor Lehrern höherer Schulen in Breslau gehalten habe. Die Bedeutung der Theorie der Lösungen und der Dissoziationstheorie für den Arzt und Physiologen einerseits und für Unterrichtskreise andererseits braucht nicht besonders hervorgehoben zu werden; trotzdem fehlt es an einer einfachen Einführung in dieses Gebiet der physikalischen Chemie. Ich hoffe mit dieser elementaren Einleitung in die Theorie der Lösungen den weiteren Kreisen der Ärzte und Lehrer eine Gabe zu bieten, die ihnen die Bekanntschaft mit den Grundlagen der modernen Chemie vermittelt.

Breslau, Pfingsten 1903.

W. Herz.

Inhalt.

Erstes Kapitel.

Die verschiedenen Aggregatszustände. Gasgesetze. Molekulargewichtsbestimmungen gasförmiger Stoffe. Dissoziationserscheinungen bei den Gasen.

Die physikalische Chemie, welche im chemischen Lehrgebäude eine immer größere Bedeutung gewinnt, kann nicht als eine neue Wissenschaft bezeichnet werden; denn zu allen Zeiten haben die Meister der Chemie physikalische Methoden ausgearbeitet und angewendet. Wenn aber trotzdem die physikalische Chemie häufig als moderne Chemie der älteren gegenübergestellt wird, so liegt das daran, daß gerade jetzt auf dem Grenzgebiete zwischen Physik und Chemie zahlreiche Forscher tätig sind, welche dort, wo früher nur einzelne Erscheinungen bekannt waren, eine große, zusammenhängende Disziplin geschaffen haben. Der besondere Anlaß, daß seit etwa 18 Jahren mehr wie früher von der physikalischen Chemie die Rede ist, ist wohl vor allem durch zwei Tatsachen bedingt. Erstens erschien im Jahre 1884 der erste Band des Lehrbuches der allgemeinen Chemie von WILHELM OSTWALD, in welchem die zahlreichen physikalischen Tatsachen der Chemie zusammengefaßt und geordnet waren. Dadurch wurde nicht nur das für weitere Arbeit notwendige Wissensmaterial gesammelt dargeboten, sondern auch durch Hinweis auf Lücken in unserem Wissen reichliche und erfolgreiche Anregung zu neuen Arbeiten gegeben. Zweitens fällt in dieselbe Zeit auch das Bekanntwerden eines der fruchtbarsten Gedanken, den die physikalische Chemie jemals erhalten hat, die Theorie der Lösungen von VAN'T HOFF. Die erfolgreiche Durcharbeitung seiner Anschauungen und die weiteren Gesichtspunkte, die sich im Anschluß hieran ergaben, stellen die größten Errungenschaften dar, welche die physikalische Chemie aufzuweisen hat. Wenn wir uns in diese Wissenschaft einführen lassen und uns von ihrer Blüte ein Bild machen wollen, dann ist es zweifellos das Zweckmäßigste, von der Theorie der Lösungen zu sprechen.

van't Hoff stellt den Zustand der gelösten Körper als ein Analogon zu dem Aggregatszustande der Gase dar. Wenn man die Bedeutung und Berechtigung dieser Anschauung kennen lernen will, dann wird es zuerst nötig sein über die Aggregatszustände im allgemeinen und über den Gaszustand im speziellen Näheres auszuführen. Es könnte vielleicht scheinen, als ob es gar nicht nötig wäre, sich genauer mit dem Wesen der Aggregatszustände zu beschäftigen, weil ja jeder weiß, was unter einem festen, einem flüssigen oder gasförmigen Körper zu verstehen ist. Wenn man aber mit wissenschaftlicher Kritik an die Betrachtung der Aggregatszustände herangeht, dann wird man sehr bald gewahr, daß es leichter ist von den Aggregatszuständen zu reden, als ihr Wesen zu definieren.

Unter den gasförmigen Körpern versteht man solche, welche die Fähigkeit besitzen, jeden zur Verfügung gestellten Raum gleichmäßig zu erfüllen. Die Gestalt eines Gases ist stets durch die Form des Gefäßes bestimmt, in welchem sich das Gas gerade befindet. Die Eigenschaft eines Gases, jedes Volumen einzunehmen, wird dadurch bedingt, daß die Gase gegen Druck- und Temperaturänderungen sehr empfindlich sind. So genügt die Verringerung des Druckes, wenn ein kleines Gasquantum in einen großen Raum gebracht wird, oder die Vermehrung des Druckes, wenn ein größeres Gasquantum in ein kleineres Volumen gepreßt wird, um demselben stets den Raum aufzudrängen, der ihm zur Verfügung gestellt wird. Werden Druck und Temperatur aber konstant erhalten, dann ist das Volumen eines Gases völlig bestimmt. Da die Gase gewöhnlich stofflich verdünnt sind, so folgen sie im allgemeinen einfachen Gesetzen, von denen später, um die Analogie zu den gelösten Körpern aufzuklären, noch mehr die Rede sein wird.

Die Flüssigkeiten haben, wie man gewöhnlich sagt, ein konstantes Volumen, während ihre Gestalt veränderlich und stets die des Gefäßes ist, in welches man die Flüssigkeit hineinbringt; dabei reicht die Erdschwere bereits aus, die Oberfläche der Flüssigkeit horizontal zu stellen. Diese Definition ist aber unscharf, denn das Volumen einer Flüssigkeit ist von Druck- und Temperaturänderungen ebenso wenig unabhängig wie das der Gase. Allerdings ist es wohl im allgemeinen richtig, daß die Empfindlichkeit der

Flüssigkeiten gegenüber Veränderungen des Druckes und der Temperatur gering ist; doch ist es zweifellos, daß diese mehr oder minder hervortretende Empfindlichkeit zu einer scharfen Trennung der beiden Zustände nicht ausreicht. Ein exakter Unterschied zwischen gasförmigem und flüssigem Zustande ist in der Tat nicht anzugeben, und das kommt auch bereits dadurch zum Ausdruck, daß man häufig diese beiden Aggregatszustände unter dem Namen des flüssigen zusammenfaßt, indem man zwischen dem gasförmig-flüssigen und dem tropfbar-flüssigen Zustande unterscheidet.

Die festen Körper werden im allgemeinen als solche bezeichnet, denen bestimmtes Volumen und bestimmte Gestalt zukommt. Aber auch das ist keine scharfe Definition, denn einerseits ist das Volumen fester Körper ebenfalls von Druck und Temperatur abhängig und anderseits ist auch ihre Gestalt nicht unveränderlich. Wenn man z. B. einen längeren Glasstab nur an einem Ende unterstützt, dann beobachtet man, daß das andere Ende desselben durch die Erdschwere herabgezogen wird, sodaß der anfänglich gerade Stab eine Krümmung zeigt. Genau so wie bei den Flüssigkeiten also die Erdschwere ausreichte, um die Gestalt zu verändern, sehen wir auch bei den festen Körpern, daß die Erdschwere Gestaltsänderungen bewirkt. Man kann sich sogar in ganz einfacher Weise durch eine Überlegung vorstellen, wie man von typisch flüssigen Körpern zu festen gelangen kann, ohne daß man bei diesem Übergang einen Sprung bemerkte, der eine Trennung von fest und flüssig veranlassen könnte. Wenn verschiedene Flüssigkeiten bewegt werden, so zeigt sich, daß dieselbe Kraft verschiedene Wirkungen hervorzurufen vermag. Schwefelkohlenstoff z. B. wird durch Schütteln leichter bewegt als Wasser, dieses wiederum leichter als ein Öl. Der Grund für diese Verschiedenheit liegt nach unseren Vorstellungen darin, daß durch das Schütteln die Massenteilchen der Flüssigkeit aneinander vorübergeschoben werden müssen, und daß diesen Schiebungen bei verschiedenen Flüssigkeiten ein verschiedener Widerstand entgegengesetzt wird. Dieser Widerstand wird von uns als innere Reibung der Flüssigkeiten bezeichnet. In den Fällen, in denen die innere Reibung klein ist, ist die Beweglichkeit groß, während umgekehrt da, wo die Beweglichkeit verkleinert erscheint, die innere Reibung groß ist. Denkt man sich, daß die innere Reibung noch größer wird wie beim Öle, so wird man zu Flüssigkeiten gelangen, welche beim Schütteln nur eine sehr geringe Beweglichkeit zeigen, und durch noch weiteres Anwachsen der inneren Reibung kommt man schließlich zu Substanzen, welche beim Schütteln keine äußerlich wahrnehmbare Bewegung mehr erkennen lassen. Solche Substanzen werden den Eindruck fester Körper hervorrufen, können aber als Flüssigkeiten betrachtet werden.

Daß dieser Überlegung ein wirklicher Wert zukommt, können wir noch aus Folgendem sehen. Wenn Flüssigkeiten erwärmt werden, dann wird ihre innere Reibung geringer, ihre Beweglichkeit muß also größer werden. Erwärmt man einen scheinbar festen Körper wie z. B. Pech, so muß, wenn es sich hier, wie eben ausgeführt, um eine Flüssigkeit handelt, die Reibung infolge der Erwärmung kleiner werden und ihre Beweglichkeit anwachsen. Es muß das feste Pech zuerst erweichen und, wenn die Temperatur noch weiter gesteigert wird, durch den weichen Zustand allmählich in den flüssigen übergeführt werden. Von der scheinbar festen Substanz bis zur typischen Flüssigkeit Pech ist ein vollständiger Übergang vorhanden, ohne daß wir einen Punkt wahrnehmen könnten, wo eine plötzliche Änderung in den Eigenschaften der Substanz stattfindet. Zweifellos können feste Substanzen wie das Pech als Flüssigkeiten von hoher innerer Reibung angesehen werden.

Es wäre aber voreilig, wenn man allen festen Körpern ihre Besonderheit absprechen und in ihnen nur Flüssigkeiten sehen wollte. Es gibt nämlich feste Körper, bei welchen der Übergang von starrer, fester Form zu flüssiger Form nicht wie beim Pech allmählich vor sich geht, sondern wo sich ein bestimmter Punkt angeben läßt, an welchem eine sprungweise Änderung der gesamten Eigenschaften stattfindet. Wenn wir z. B. Eis zu erwärmen beginnen, dann werden seine Eigenschaften zwar auch etwas geändert, aber es behält die Eigenschaften, Form und Gestalt des festen Eises. Erreicht die Temperatur aber 0^{0}, so wird bei diesem ganz bestimmten Punkte plötzlich die Gesamtheit seiner Eigenschaften verändert, und aus dem festen Eise ist flüssiges Wasser geworden. Solche Substanzen, welche sich plötzlich bei einem Schmelzpunkte aus dem festen in den flüssigen Zustand verwandeln, können nicht mit den erstgenannten festen Stoffen in eine Reihe gestellt werden. Diese letzteren, wie z. B. Eis oder Schwefel, zeigen auch noch andere Unterschiede von den ersteren festen Stoffen, als deren Beispiel das Pech gewählt worden war. Wenn man flüssiges Pech in ein Gefäß bringt und durch Abkühlung erstarren läßt, dann nimmt das feste Pech stets die Form an, die das Gefäß besitzt, ohne ein Bestreben zu zeigen, eine eigne charakteristische Form zu bilden. Erstarrt aber flüssiger Schwefel, so nimmt er nicht einfach die Form des Gefäßes an, sondern man beobachtet, daß sich der Schwefel in einer ganz bestimmten Gestalt ausscheidet, welche wir als seine Kristallform bezeichnen. Die festen Körper, welche einen Schmelzpunkt besitzen, besitzen auch eine Kristallgestalt, während diese den erstgenannten nicht zukommt, weshalb man die ersteren als amorphe Stoffe den kristallisierten gegenüberstellt. Während die amorphen festen Körper den flüssigen Stoffen zuzurechnen sind, müssen die kristallisierten Körper in einer neuen Aggregatsform, dem eigentlichen festen Zustande, zusammengefaßt werden. Die für die kristallisierten Körper als charakteristisch angegebene Gestalt ist nur der äußere Ausdruck für einen bestimmten inneren Bau der Kristalle. Während sich nämlich Gase, Flüssigkeiten oder amorphe Körper gegen Kräfte nach allen Richtungen hin gleichartig verhalten, während z. B. ein einfallender Lichtstrahl durch sie gleichmäßig verändert wird, gleichgültig ob er von oben nach unten oder von rechts nach links hindurchwandert, ist das bei den kristallisierten Körpern im Allgemeinen nicht mehr der Fall. Die Kristalle zeigen nach verschiedenen Richtungen eine Verschiedenheit in ihrem Verhalten gegenüber einwirkenden Kräften. Wollen wir diese Verhältnisse in die molekulare Sprache übertragen, dann müssen wir sagen, daß die kristallisierten Substanzen die Molekeln in einer besonderen Art geordnet enthalten, welche die äußere Gestalt mit ihrer Symmetrie zur Folge hat. Diese äußere Symmetrie kommt auch in dem inneren Verhalten dadurch zum Ausdruck, daß die geometrisch symmetrischen Teile sich auch physikalisch symmetrisch verhalten. Eine Folge der Parallelität zwischen geometrischer und physikalischer Symmetrie ist es, daß die Kristalle mit der höchsten Symmetrieausbildung wie Würfel und Oktaeder den Kräften in verschiedenen Richtungen keinen verschiedenen Widerstand mehr entgegensetzen, da in ihnen je zwei Richtungen stets geometrisch symmetrisch, also auch physikalisch gleichartig, erscheinen.

Diese Betrachtung kann uns lehren, daß wir streng genommen zu unterscheiden haben zwischen zwei verschiedenen Formen der Materie, dem flüssigen Aggregatszustande, dem sich die gasförmigen, die tropfbarflüssigen und die amorphen Substanzen unterordnen, und dem Zustand der kristallisierten Stoffe. Der typisch flüssige und der typisch gasförmige Aggregatszustand zeigen nur insofern einen Unterschied, als der gasförmige Zustand die Körper in größerer Verdünnung enthält, in welchem die Substanzen gegen Druck- und Temperaturänderung wesentlich empfindlicher sind, als im dichteren flüssigen Zustande.

Wie eingangs bemerkt, hat VAN'T HOFF die gelösten Stoffe als Analoga zu den gasförmigen Körpern hinzustellen versucht. Um die Richtigkeit seiner Anschauung zu untersuchen, müssen wir zunächst diejenigen Gasgesetze und ihre Folgerungen ins Auge fassen, welche später zum Vergleich mit den Lösungen heranzuziehen sind. Hierzu gehören vor allem diejenigen Beziehungen, welche die schon mehrfach hervorgehobene Abhängigkeit der Gase von Druck und Temperatur zum Ausdruck bringen.

Die Veränderungen eines Gasvolumens durch Druckänderungen werden durch ein zuerst von BOYLE erkanntes Gesetz geregelt, wonach Gasvolumina sich umgekehrt verhalten, wie die auf sie ausgeübten Drucke. Ist also der auf einem Gas lastende Druck groß, so ist das Volumen klein; wird aber der Druck klein, so vergrößert sich das Volumen. Mathematisch läßt sich diese Gesetzmäßigkeit in den einfachen Ausdruck bringen

$$\frac{v}{v_1} = \frac{p_1}{p} \text{ oder } v p = v_1 p_1 = \text{Konstante.}$$

Die Abhängigkeit des Gasvolumens von der Temperatur wird durch das nach GAY-LUSSAC bezeichnete Gesetz bestimmt, nach welchem das Volumen eines Gases bei einer Temperaturerhöhung um 1^0 C sich um den 273 sten Teil des Volumens ausdehnt, das es bei 0^0 hat. Das Volumen ist also bei 1^0, wenn wir das Volumen bei 0^0 mit v_0 bezeichnen,

$$v_1 = v_0 + \frac{v_0}{273} = v_0\left(1 + \frac{1}{273}\right),$$

bei 2^0

$$v_2 = v_0 + \frac{2\,v_0}{273} = v_0\left(1 + \frac{2}{273}\right),$$

oder allgemein bei t^0

$$v_t = v_0 + \frac{t \cdot v_0}{273} = v_0\left(1 + \frac{t}{273}\right). \tag{1}$$

Das GAY-LUSSACsche Gesetz führt sofort zu einer weiteren wichtigen und interessanten Beziehung. Ebenso wie sich bei der

Erwärmung das Gasvolumen vergrößert, verringert sich dasselbe bei einer Temperaturerniedrigung. So muß bei — 1° das Volumen

$$v_{-1} = v_0 - \frac{1}{273} \cdot v_0,$$

und bei — 2°:

$$v_{-2} = v_0 - \frac{2}{273} \cdot v^0$$

sein.

Bei — 273° wird schließlich

$$v_{-273} = v_0 - \frac{273}{273} \cdot v_0 = v_0 - v_0 = 0 .$$

Diese letzte Gleichung sagt aus, daß bei — 273° das Volumen der Gase verschwinden soll, ein Satz, der praktisch natürlich nicht möglich ist. Daß diese Beziehung nicht gelten kann, liegt nun experimentell nachweisbar darin, daß die Gasgesetze, unter deren Voraussetzung die Gleichung abgeleitet worden ist, bei tiefen Temperaturen (resp. sehr hohen Drucken) ihre Geltung verlieren, so daß für die Temperatur von — 273° die Gasgesetze nicht mehr angewendet werden dürfen. Theoretisch besitzt aber der Temperaturpunkt — 273° ein hervorragendes Interesse. In der Wissenschaft hat man sich daran gewöhnt, häufig an Stelle der Temperaturangaben nach Celsiusgraden von dem empirischen Gefrierpunkte des Wassers als Nullpunkt an, lieber von dem um 273° niedrigeren Punkte aus die Temperatur zu zählen. Man nennt den Temperaturpunkt — 273° den absoluten Nullpunkt und die von ihm an gemessene Temperatur die absolute, welche um 273° größer ist als die Temperatur nach dem Celsiusthermometer. Es ist also die absolute Temperatur T eines Körpers gleich seiner direkt gemessenen Temperatur t vermehrt um 273°.

$$T = t + 273$$

$$t = T - 273$$

Wenn in die obige Gleichung (1) für t der Wert in absoluter Zählung eingesetzt wird, so erhalten wir

$$v_t = v_0 \left(1 + \frac{T}{273} - \frac{273}{273}\right) = \frac{v_0 \cdot T}{273} .$$

Da das Volumen eines Gases bei 0°, einen bestimmten Druck vorausgesetzt, immer denselben Wert hat, so ist v_0 eine konstante Größe. 273 ist eine konstante Zahl, und daher muß der Quotient

$\frac{v_0}{273}$ ebenfalls konstant sein. Man kann denselben durch den mathematischen Ausdruck C ersetzen.

$$v_t = C \cdot T$$

In genau derselben Weise wie das Volumen ist auch der Druck eines Gases von der Temperatur abhängig, und zwar läßt sich nach einem entsprechenden Gesetze für den Druck eines Gases bei t^0 die analoge Formel

$$p_t = C_1 T$$

ableiten. Lassen wir gleichzeitig Volumen und Druck sich beliebig ändern, so nimmt das Produkt beider in demselben Maße ab wie einer der Faktoren, wenn der andere konstant gehalten wird. Es gilt für diesen Fall also die allgemeine Beziehung

$$p \cdot v = C C_1 \cdot T$$

oder für $C C_1$ eine neue Konstante eingesetzt

$$p \cdot v = R \cdot T.$$

Ein anderes wichtiges Gasgesetz beschäftigt sich mit den Volumverhältnissen der Gase bei ihren Verbindungen. Nach dem (zweiten) Gay-Lussacschen Gesetz stehen die Volumina von Gasen, die sich mit einander verbinden, zueinander und zu dem Volumen des entstehenden gasförmigen Produktes in einfachem ganzzahligem Verhältnis, wobei stets vorausgesetzt wird, daß die Volumina unter gleichen Druck- und Temperaturverhältnissen gemessen werden. So vereinigen sich z. B. 1 Vol. Wasserstoff und 1 Vol. Chlor zu 2 Vol. Chlorwasserstoff oder 2 Vol. Wasserstoff mit 1 Vol. Sauerstoff zu 2 Vol. Wasserdampf.

Zur Erklärung der Gasgesetze, welche in übereinstimmender einfacher Weise für alle Gase gelten, wurde angenommen, daß die molekularen Verhältnisse der Gase möglichst einfache sind, und die einfachste denkbare Annahme wurde von Avogadro gemacht, der die Hypothese aussprach, daß gleiche Gasvolumina bei gleichem Druck und gleicher Temperatur stets eine gleiche Anzahl kleinster Teilchen oder Molekeln enthalten. Die Avogadrosche Regel ermöglicht es, die Molekulargewichte gasförmiger Körper zu bestimmen, allerdings nicht in Grammen, sondern als die Verhältniszahlen, welche angeben, wie vielmal so schwer die

Molekeln der Gase sind als die Molekeln eines als Einheit gewählten Gases. Als Grundlage für die Molekulargewichtsbestimmungen dient das Sauerstoffgas, und wenn wir das Molekulargewicht desselben aus rein praktischen Gründen gleich 32 festlegen, so ergibt sich das Mol.-Gew. aller anderen Gase durch folgende einfache Überlegung. Wird das Gewicht eines bestimmten Volumens Sauerstoff zu g Gramm festgestellt, so muß dieses Gewicht gleich der Summe der Gewichte der Molekeln sein. Da jede Molekel 32 wiegt, so wird unter der Annahme, daß n Molekeln in dem Volumen vorhanden sind,

$$g = n \cdot 32\,.$$

Wenn nun das Gewicht eines gleichen Volumens eines anderen Gases zu g_1 bestimmt wird, und das Molekulargewicht x desselben unbekannt ist, so muß

$$g_1 = n \cdot x$$

sein, da nach der Avogadroschen Regel gleiche Gasvolumina gleiche Molekelzahlen enthalten. Dividieren wir diese beiden Gleichungen durcheinander, dann erhalten wir

$$\frac{g}{g_1} = \frac{32}{x}$$

oder

$$x = \frac{32\,g_1}{g}\,.$$

Die Bestimmung des Molekulargewichts kommt also, wenn wir das Molekulargewicht irgend eines Gases als Grundlage festlegen, auf die Wägung gleicher Gasvolumina heraus. Da diese Aufgabe sowohl für Körper, welche bei gewöhnlicher Temperatur Gase sind, als auch für solche, welche erst bei höherer Temperatur gasförmig werden, mit Erfolg gelöst worden ist, haben sich die Methoden zur Molekulargewichtsbestimmung gasförmiger Substanzen in allen Laboratorien leicht eingebürgert. Die Zahl der nach diesen Methoden untersuchten Substanzen ist überaus groß.

Nicht unerwähnt aber soll es bleiben, daß man bei diesen Untersuchungen gelegentlich Molekulargewichte gefunden hat, deren Größe nicht mit dem chemischen Verhalten der Körper in Einklang stand. Ein solcher Fall lag bei der Molekulargewichtsbestimmung des vergasbaren Salmiaks vor, für welchen die Analyse die Formel NH_4Cl abgeleitet hatte, und welcher daher mindestens ein Mol.-Gew. haben mußte, das gleich der Summe der Atomgewichte war. Die zu erwartende Zahl betrug also $14 + 4 + 35{,}5 = 53{,}5$. Es wäre leicht zu erklären gewesen, wenn man an Stelle dieser Zahl vielleicht den Wert $107 = 2 \cdot 53{,}5$ oder $160{,}5 = 3 \cdot 53{,}5$ gefunden hätte. Denn es würde dann durch die Bestimmung gezeigt worden sein, daß die wirkliche Formel des Salmiaks nicht die oben angegebene NH_4Cl wäre, sondern ein Multiplum davon $N_2H_8Cl_2$ oder $N_3H_{12}Cl_3$. Das Resultat der ausgeführten Molekulargewichtsbestimmung des Salmiakdampfes lieferte aber Werte, welche kleiner als 53,5 waren. Eine Erklärung hierfür zu geben, schien zunächst aussichtslos. Denn, da die chemische Analyse das quantitative Verhältnis von Stickstoff zu Wasserstoff zu Chlor als sicher festgestellt hatte, so war das Minimum des Molekulargewichts durch die Summierung der der Formel NH_4Cl entsprechenden Atomgewichte gegeben, und man hätte halbe Atome von Stickstoff und Chlor annehmen müssen, um ein kleineres Molekulargewicht ausrechnen zu können. Dieser Widerspruch fand eine Lösung, die später experimentell bestätigt werden konnte, darin, daß der Salmiak nicht unzersetzt dampfförmig wird, sondern daß eine mehr oder minder große Anzahl von Chlorammoniummolekeln in Ammoniak und Chlorwasserstoffgas zerfällt, eine Reaktion, welche bei niedriger Temperatur wieder im umgekehrten Sinne verlaufend zu Chlorammonium zurückführt: $NH_4Cl = NH_3 + HCl$. Diese Zersetzung erklärt die Tatsache, daß das gefundene scheinbare Molekulargewicht kleiner als das kleinste theoretisch mögliche ist. Denn, wenn wir z. B. annehmen, daß alle vorhandenen Salmiakmolekeln in Ammoniak und Salzsäure zerfallen sind, d. h. wenn aus einer Molekel immer je zwei geworden sind, dann muß die durch die Molekulargewichtsbestimmung gefundene Zahl auf doppelt so viel Teilchen verteilt werden, als Chlorammoniummolekeln anfänglich vorhanden waren. Das gefundene scheinbare Molekulargewicht müßte in diesem Falle also halb so groß als das theoretische sein. Wenn nicht alle Molekeln Salmiak zerfallen sind, sondern entsprechend den verschiedenen Temperaturen mehr oder minder große Anzahlen, dann wird die Zahl der Molekeln nicht von n auf $2n$ angewachsen sein, sondern nur von n auf einen größeren Wert, der von der Menge zerlegter Molekeln abhängig ist. In diesem Falle wird das gefundene Molekulargewicht einen Wert haben, der zwischen der Hälfte und dem Ganzen des theoretischen Wertes liegt. Die sogenannten anormalen Dampfdichten werden durch die eben besprochene Erscheinung der Zerlegung oder, wie der terminus technicus lautet, Dissoziation der Gase leicht verständlich. Es wird später unsere Aufgabe sein, die Bedeutung dieser Dissoziationserscheinungen für die gelösten Stoffe nachzuweisen.

Zweites Kapitel.

Osmotischer Druck. Die Gesetze des osmotischen Drucks. Theorie der Lösungen. Molekulargewichtsbestimmungen gelöster Stoffe.

Die Lösungstheorie VAN'T HOFFS setzt die gelösten Stoffe in nahe Analogie zu den gasförmigen Körpern. Zur Prüfung der Richtigkeit dieser Annahme muß die Geltung der eben besprochenen Gasgesetze auch für die gelösten Stoffe erwiesen werden, und es ergibt sich zuerst die Aufgabe, die bei den Gasgesetzen auftretenden Größen auf die Lösungen zu übertragen. Die allgemeine Gasgleichung

$$pv = R \cdot T$$

handelt von Druck, Temperatur und Volumen. Es ist nun die Frage, was bei den Lösungen unter diesen drei Größen zu verstehen ist. Sofort ersichtlich ist, was unter der Temperatur einer Lösung verstanden werden muß. Ebenso einleuchtend ist, daß als Volumen eines gelösten Stoffes das Volumen der Lösung angesehen wird, denn der gelöste Stoff ist in der Lösung vollkommen gleichmäßig verteilt und erfüllt daher den Raum, den die Lösung einnimmt, vollständig homogen: das Volumen der Lösung, das wir nach Kubikcentimetern messen können, ist das Volumen des gelösten Stoffes. Schwieriger aber ist die Frage zu beantworten, wie der dem Gasdruck entsprechende Druck des gelösten Stoffes zu deuten ist. Daß in einer Lösung Druckkräfte vorhanden sind, beweist bereits die Tatsache der Diffusion. Wirft man z. B. ein Stückchen Zucker in ein Gefäß mit Wasser, so wird der Zucker seiner Schwere folgend sich auf den Boden des Gefäßes lagern. Aber wenn die Auflösung des Zuckers vor sich geht, so verteilt sich der aufgelöste Stoff gleichmäßig durch die ganze Flüssigkeit hindurch, und in der Lösung findet ein Wandern des Zuckers von der Stelle, wo das feste Zuckerstückchen lag, nach allen anderen Punkten der Lösung statt. Es wirkt also hier eine Kraft, die ebenso wie der Druck der Gase die Teilchen von Stellen höherer Konzentration nach Stellen niedriger Konzentration hinführt. Zur Messung dieser Diffusionskräfte bietet sich eine Möglichkeit dar, wenn man den diffundierenden Körpern Widerstände in den Weg stellt, z. B. dadurch, daß man in die Lösung eine poröse Wand bringt. Die über und unter der porösen Wand befindlichen Teile der Lösung werden jetzt nicht mehr frei miteinander verkehren können, sondern es müssen sich die Teilchen durch die Poren der porösen Membran hindurchdrängen. Im allgemeinen wird der zu überwindende Widerstand um so größer sein, je größer die Molekeln der diffundierenden Substanz und je kleiner die Poren der trennenden Membran sind. Daher werden verschiedene Stoffe bei gleicher Membran und gleiche Stoffe bei verschiedener Membran verschiedene Diffusionsgeschwindigkeit besitzen. Um durch derartige Widerstände die Diffusionskräfte z. B. einer Zuckerlösung zu messen, muß man sich folgender Anordnung bedienen. Wir wählen ein Gefäß, welches mit reinem Wasser gefüllt wird und tauchen in dieses ein zweites mit der Zuckerlösung erfülltes hinein. Dieses zweite Gefäß ist unten durch eine poröse Membran abgeschlossen und oben zu einer langen Glasröhre verengert. Durch die Membran wird sowohl die Zuckerlösung in das Wasser als auch das Wasser in die Zuckerlösung wandern können. Aber die Geschwindigkeit, mit welcher diese Bewegungen geschehen, wird nach beiden Richtungen eine verschiedene sein. Es wird möglich sein, Membranen auszuwählen, bei denen die Differenz der Geschwindigkeiten möglichst groß wird, und es ist sogar gelungen, Membranen zu konstruieren, bei denen das Wasser schnell in die Zuckerlösung hinein zu diffundieren vermag, während eine Diffusion der Zuckerlösung nur in so minimalem Maße stattfindet, daß man sie praktisch gleich Null setzen kann. Solche Membranen, zuerst von Moritz Traube hergestellt, führen den Namen halbdurchlässige oder semipermeable Membranen. Die Folge dieser Versuchsanordnung ist, daß das Wasser aus dem äußeren Gefäß in das innere hineindringen wird, während aus dem inneren nichts nach außen übergehen kann. So findet also in dem inneren

Gefäß eine Volumenzunahme statt, welche sich dadurch äußern wird, daß das Wasser in der Glasröhre des inneren Gefäßes in die Höhe steigt. Flüssigkeitssäulen, wie die hier entstehende, messen Drucke, und der Druck, der in dieser Weise gemessen wird, heißt der osmotische Druck. Dieser osmotische Druck muß durch den gelösten Zucker bedingt sein, denn wenn wir uns eine gleiche Versuchsanordnung aufbauen nur mit dem Unterschiede, daß das innere Gefäß reines Wasser enthält, dann findet keine Volumzunahme und damit keine Druckmessung im inneren Gefäße statt. Die in dieser Weise von PFEFFER 1877 gemessenen osmotischen Drucke einer Zuckerlösung haben eine Reihe merkwürdiger Resultate ergeben, deren Interpretation VAN'T HOFF zu seiner Lösungstheorie geführt hat.

Erstens zeigte sich, daß der osmotische Druck nicht bis ins Ungemessene wächst, sondern eine Zuckerlösung von bestimmter Konzentration zeigt bei einer bestimmten Temperatur stets einen bestimmten Wert. Die Größe des osmotischen Druckes ist aber abhängig von der Konzentration der Zuckerlösung, und zwar ergibt sich, daß die osmotischen Drucke um so größer werden, je größer die Konzentrationen der Zuckerlösungen sind. Bezeichnet man also mit c und c_1 die Konzentrationen zweier Zuckerlösungen und ihre osmotischen Drucke mit p und p_1, so muß

$$\frac{c}{c_1} = \frac{p}{p_1} \tag{1}$$

sein. Nun stehen aber die Konzentrationen in einer nahen Beziehung zum Volumen einer Lösung. Denkt man sich nämlich eine bestimmte Substanzmenge in wenig Flüssigkeit aufgelöst, ist also das Volumen klein, dann ist die Konzentration groß, während, wenn dieselbe Substanzmenge in viel Lösungsmittel sich befindet, das Volumen groß und die Konzentration klein ist. Volumina und Konzentrationen stehen also im umgekehrten Verhältnis

$$\frac{c}{c_1} = \frac{v_1}{v}. \tag{2}$$

Aus Gleichung (1) und (2) ergibt sich durch Ersatz des Mittelgliedes:

$$\frac{v}{v_1} = \frac{p_1}{p}$$

oder die Volumina von Lösungen verhalten sich umgekehrt wie ihre osmotischen Drucke, ein Gesetz, das mit dem Gesetz von

Boyle bei den Gasen übereinstimmt. Der osmotische Druck ist weiterhin auch abhängig von der Temperatur und zwar zeigt sich, daß der osmotische Druck bei der Temperaturerhöhung um 1^0 um $\frac{1}{273}$stel des Wertes anwächst, den er bei 0^0 hat. Der osmotische Druck folgt also demselben Gesetz, welches bei den Gasen unter dem Namen des Gay-Lussacschen Gesetzes bekannt ist. Die Übereinstimmung zwischen Gasdruck und osmotischem Druck kann aber direkt zahlenmäßig erwiesen werden. In der Gasgleichung

$$pv = RT$$

stellt, wie Seite 8 abgeleitet, R eine Konstante vor, deren Wert natürlich bestimmt ist, wenn für einen bestimmten Fall p, v und T bekannt sind:

$$R = \frac{pv}{T}.$$

Aus einem solchen Versuch ergab sich, wenn p in Atmosphären und v in Litern gemessen wurde, die Gaskonstante zu 0,0821. Wenn bei einer Zuckerlösung v und T bestimmt werden und angenommen wird, daß die in den Gesetzen des osmotischen Druckes zum Ausdruck gebrachte Analogie mit den Gasen eine vollständige ist, so muß der Druck p berechenbar sein nach der Gleichung

$$p = 0{,}0821 \cdot \frac{T}{v}.$$

In dieser Weise berechnete osmotische Drucke von Zuckerlösungen stehen in guter Übereinstimmung mit den beobachteten Zahlen. Es verhält sich also der gelöste Körper quantitativ als ein Analogon zum gasförmigen, und der osmotische Druck eines gelösten Stoffes ist gerade so groß wie der Gasdruck, den man beobachten würde, wenn man das Lösungsmittel entfernte und die gelöste Substanz, bei gleicher Temperatur den gleichen Raum erfüllend, zurückließe. Diese Gesetzmäßigkeiten waren es, die van't Hoff zu der Vorstellung führten, daß die gelösten Körper sich in einem ganz ähnlichen Zustande befinden müssen wie die Körper im Gaszustande. Zu bemerken ist noch, daß ebenso wie die Gasgesetze nur gelten, wenn die Gase nicht zu tief abgekühlt oder zu stark komprimiert sind, die einfachen Gesetze der Lösungen nur für verdünnte Lösungen anwendbar sind, während bei konzentrierteren Lösungen Abweichungen auftreten.

Wenn durch die vorstehenden Tatsachen nachgewiesen worden ist, daß die Gültigkeit der Gasgesetze auf die Lösungen übertragen werden kann, dann liegt es nahe, auf die Lösungen auch die Anschauung auszudehnen, welche die einfachen Verhältnisse der Gase zu erklären in der Lage war: die Avogadrosche Regel. Dieselbe kann hier folgendermaßen zum Ausdruck gebracht werden: Lösungen, welche bei gleichem Volumen und gleicher Temperatur einen gleichen osmotischen Druck zeigen, enthalten gleich viele Molekeln, oder die Molekulargewichte gelöster Stoffe verhalten sich umgekehrt wie ihre osmotischen Drucke. Durch die Messung des osmotischen Druckes muß also das Molekulargewicht gelöster Stoffe bestimmt werden können. Solche Bestimmungen sind in der Tat ausgeführt worden und haben Werte ergeben, die mit dem chemischen Verhalten der Körper wohl in Einklang stehen; aber die Messung des osmotischen Druckes ist deswegen nicht praktisch, weil die Konstruktion haltbarer semipermeabler Membranen nur schwer gelingt. Sollten daher die Molekulargewichtsbestimmungen gelöster Körper eine ebenso allgemeine Verbreitung finden, als die der Gase, dann mußte man Methoden benutzen, welche die Molekulargewichtsbestimmungen in einfacherer Weise ermöglichten, als es die direkte Messung des osmotischen Druckes gestattete. Es handelte sich also darum, Eigenschaften der Lösungen zu finden, welche in naher Beziehung zum osmotischen Drucke stehend durch ihre Messung einen Rückschluß auf den osmotischen Druck und damit auf das Molekulargewicht zulassen.

Als solche Methoden sind vor allem die Erhöhung des Siedepunktes einer Lösung gegenüber dem Siedepunkte des reinen Lösungsmittels und die Erniedrigung des Gefrierpunktes einer Lösung verwendet worden. Daß der Siedepunkt einer Lösung höher als der des Lösungsmittels liegen muß, läßt sich in molekularkinetischer Weise leicht anschaulich machen. Es ist bekannt, daß bei jeder Temperatur eine Flüssigkeit einen bestimmten Dampfdruck zeigt, und das Zustandekommen desselben kann dadurch erklärt werden, daß von den Molekeln der Flüssigkeit, die sich in einer dauernden Bewegung befinden, eine bestimmte Anzahl, die eine etwas größere Geschwindigkeit besitzt, durch die Oberfläche der Flüssigkeit hindurch in den Gasraum gelangt. Die Molekeln im Gasraume werden bei ihren Bewegungen wiederum auf die Oberfläche aufstoßen und sich zum Teil in die Flüssigkeit hineinbegeben. Für eine bestimmte Temperatur, der eine bestimmte Beweglichkeit der Molekeln entsprechen muß, wird sich nun stets ein Gleichgewichtszustand herstellen zwischen der Anzahl der Molekeln in der Flüssigkeit und ihrer Menge in dem darüber befindlichen Dampfraum. Wird zu der Flüssigkeit ein fester Körper gefügt, der sich in ihr auflöst, dann wird von diesem festen Körper aus der Lösung kaum etwas in den Dampfraum gelangen, da die festen Körper meistens nur einen sehr geringen Dampfdruck besitzen; dagegen wird die Menge der Molekeln der Flüssigkeit, welche anziehend auf die Molekeln im Dampfraum wirken, durch den aufgelösten festen Körper vermehrt und die Folge davon wird sein, daß die Menge verdampfter Flüssigkeit und damit der Dampfdruck verringert erscheint. Nun ist es bekannt, daß jede Flüssigkeit bei derjenigen Temperatur siedet, bei welcher ihr Dampfdruck gleich dem auf ihr lastenden Atmosphärendrucke ist. Besitzt das reine Lösungsmittel bei einer Temperatur t bereits einen Dampfdruck, der dem Atmosphärendruck entspricht, so daß die Flüssigkeit zu sieden beginnt, dann wird bei einer Lösung infolge der Verminderung des Dampfdruckes die Temperatur t noch nicht einem Dampfdrucke entsprechen, der dem Atmosphärendrucke gleich ist und daher ein Sieden gestattet. Die Temperatur muß vielmehr über t hinaus erhöht werden, damit der dem herrschenden Drucke gleiche Dampfdruck entsteht. Der Siedepunkt der Lösung ist also ein höherer als der des Lösungsmittels. Diese Erhöhung wird natürlich um so größer sein, je mehr Molekeln in der Flüssigkeit aufgelöst worden sind, wird also zur Bestimmung des Molekulargewichtes geeignet erscheinen.

Die Erhöhung des Siedepunktes und die entsprechende Erniedrigung des Gefrierpunktes einer Lösung zeigen folgende einfache Beziehungen, die einen direkten Schluß auf das Molekulargewicht zulassen. Bei der Auflösung gleicher Mengen eines Stoffes in verschiedenen Lösungsmitteln zeigt sich, daß die gleiche Menge gelöster Substanz nicht immer den Gefrier- oder Siedepunkt um die gleiche Anzahl von Graden verändert, sondern daß die Größe der Veränderung des Gefrier- oder Siedepunktes für jede Flüssigkeit eine spezifische und charakteristische Eigenschaft ist. Es wird also nötig sein, in die für die Berechnung des Molekulargewichts aufzustellende Gleichung diesen für jedes Lösungsmittel charakteristischen Wert in Form einer Konstanten C einzuführen. Werden in einem bestimmten Quantum eines

Lösungsmittels 342 Teile Rohrzucker aufgelöst, so ist die Veränderung des Siede- resp. Gefrierpunktes dieselbe, als wenn in demselben Volumen 180 Gewichtsteile Traubenzucker oder 128 Gewichtsteile Naphtalin enthalten wären. Diese Zahlen stehen nun zu den Substanzen in einer sehr nahen Beziehung, denn sie stellen die Molekulargewichte dar, welche beim Rohrzucker der Formel $C_{12}H_{22}O_{11}$ entsprechend den Wert 342, beim Traubenzucker $C_6H_{12}O_6$ 180 und beim Naphtalin $C_{10}H_8$ 128 ergeben. Daraus folgt, daß gleiche Veränderungen von solchen Mengen Substanz hervorgerufen werden, die den Molekulargewichten, in Gewichtsteilen ausgedrückt, entsprechen. Diejenige Gewichtsmenge eines Stoffes, welche soviel Gramm enthält, als das Molekulargewicht angibt, wird als ein Mol bezeichnet, und man kann die eben erwähnte Gesetzmäßigkeit auch derart ausdrücken, daß gleiche Molzahlen der verschiedensten Substanzen stets den gleichen Einfluß auf den Gefrier- oder Siedepunkt des Lösungsmittels ausüben. Vom Volumen der Lösung ist die Gefrierpunktserniedrigung oder Siedepunktserhöhung in so fern abhängig, als demgemäß der konzentrierteren Lösung auch die größere Wirkung zukommt, so daß also die Veränderungen der Temperaturpunkte des Lösungsmittels seiner Menge umgekehrt proportional sind. Die Gleichung für die Molekulargewichtsbestimmung gelöster Stoffe kann also in die Form

$$\Delta = C\frac{n}{g_1},$$

gebracht werden, worin Δ die Veränderung des Siede- oder Gefrierpunktes, g_1 die Grammmenge Lösungsmittel, C die Konstante des Lösungsmittels und n die Anzahl Mole gelöster Substanz bedeuten. Die Molzahl gelöster Substanz steht zu dem Molekulargewicht in sehr einfacher Beziehung, denn die Molzahl gibt an, wieviel mal das Molekulargewicht in der gelösten Grammmenge Substanz enthalten ist. Beträgt die Gewichtsmenge g und wird das Molekulargewicht mit M bezeichnet, so ist

$$n = \frac{g}{M}.$$

Wird dieser Wert für n in die obige Gleichung eingesetzt, so geht diese in die Form

$$\Delta = C\frac{g}{g_1}\cdot\frac{1}{M}$$

oder

(1) $$M = C\frac{g}{g_1} \cdot \frac{1}{\Delta}$$

über.

Werden also bestimmte Gewichtsmengen aufzulösender Substanz in einer bestimmten Menge Lösungsmittel gelöst, wird die Erhöhung des Siedepunktes oder die Erniedrigung des Gefrierpunktes am Thermometer genau abgelesen, und ist die spezifische Konstante C des Lösungsmittels bekannt, dann ist das Molekulargewicht bestimmt. Die für jedes Lösungsmittel charakteristische Konstante C muß man in der Weise bestimmen, daß man von einem Körper mit bekanntem Molekulargewicht eine Lösung herstellt, für diese g/g_1 und Δ durch einen genauen Versuch feststellt und daraus für das entsprechende Lösungsmittel den Wert für C aus der Gleichung (1) berechnet. Der in dieser Weise durch einen Versuch bestimmte Wert von C läßt sich dann in allen Fällen benutzen, wo in dem gleichen Lösungsmittel das Molekulargewicht eines nicht bekannten Körpers bestimmt werden soll. Die Ausführung der Methoden zur Bestimmung der Gefrierpunktserniedrigung oder Siedepunktserhöhung ist zum Teil bereits vor Aufstellung der van't Hoffschen Lösungstheorie von Raoult und nachher von Beckmann in exakter und dabei doch so handlicher Weise ausgearbeitet worden, daß die Zahl der nach dieser Methode bestimmten Molekulargewichte eine überaus große ist.

Drittes Kapitel.

Molekulargewichtsbestimmung bei Elektrolyten. Dissoziationstheorie. Dissoziationsgrad.

Die Möglichkeit, die Molekulargewichte gelöster Stoffe zu bestimmen, mußte in hervorragendem Maße für die anorganische Chemie von großer Bedeutung werden. Denn obgleich in der anorganischen Chemie sehr viele Verbindungen vergasbar waren und daher die Bestimmung des Molekulargewichts im gasförmigen Zustande gestatteten, waren gerade von den wichtigsten Verbindungstypen der anorganischen Chemie, den Säuren, Basen und Salzen, nur verhältnismäßig wenige im gasförmigen Zustand erhältlich. Man ging daher bald dazu über, Molekulargewichtsbestimmungen dieser Körperklassen im gelösten Zustande auszuführen kam aber dabei zu Resultaten, welche nicht den gewünschten entsprachen. Man fand nämlich Werte, welche kleiner waren als sie den kleinsten, nach den chemischen Tatsachen möglichen Molekularformeln zukommen konnten. Wurde z. B. das Molekulargewicht des Kochsalzes in Lösung bestimmt, so fand man nicht der Formel NaCl entsprechend das Molekulargewicht gleich der Summe der Atomgewichte

$$Na = 23 + Cl = 35,5 = 58,5$$

oder ein Multiplum davon, sondern man fand Zahlen, welche je nach der Verdünnung der Lösung zwischen der Hälfte und dem Ganzen dieses Wertes lagen. Versuchte man das Molekulargewicht der Schwefelsäure zu bestimmen, dann konnte man bei großen Verdünnungen sogar Werte erhalten, welche nur den dritten Teil des kleinsten möglichen Wertes $H_2SO_4 = 98$ darstellen. Diese von RAOULT bereits vor Aufstellung unserer Lösungstheorie beobachteten Tatsachen waren zunächst völlig rätselhaft und wurden auch von dem Schöpfer unserer Vorstellungen über das Wesen der Lösungen nicht erklärt. VAN't HOFF sagte nur, daß man die gefundenen Molekulargewichte binärer Verbindungen d. h. solcher, die aus zwei Teilen bestehen wie z. B. das Kochsalz, mit 2 multiplizieren müsse, um das wirkliche Molekulargewicht zu erhalten, daß man bei ternären Verbindungen H,H,SO_4 in sehr verdünnter Lösung mit 3 multiplizieren müsse, um den richtigen Wert zu finden u. s. w.

Eine Erklärung für diese Erscheinung lieferte ARRHENIUS der darauf aufmerksam machte, daß alle Stoffe, bei denen die gefundenen mit den theoretischen Molekulargewichten nicht übereinstimmten, in Lösung Leiter der Elektrizität seien und daher wohl der Grund dieser Ausnahme in dem elektrischen Leitvermögen zu finden sein würde. Es mußte also die Aufgabe erledigt werden die Stromleitung gelöster Stoffe zu untersuchen und möglichst zu erklären. Wenn der elektrische Strom an zwei Elektroden durch reines Wasser geleitet wird, dann zeigt ein nicht allzu empfindliches Galvanometer keinen Ausschlag, mit anderen Worten, das Wasser kann kaum als Leiter der Elektrizität gelten. Bringen wir aber in das Wasser auch nur eine geringe Menge Säure, Base oder Salz, dann zeigt das Galvanometer sofort einen Strom an. Gleichzeitig mit dieser Stromleitung wird an den Elektroden die Abscheidung der Bestandteile des hinzugefügten Stoffes beobachtet, welcher die Stromleitung bedingend als Elektrolyt bezeichnet wird. Die nächstliegende Erklärung für diese Abscheidung der Bestandteile einer gelösten Verbindung schien nun die, daß der elektrische Strom den Elektrolyten zersetzt, und daß die Zersetzungsprodukte durch den elektrischen Strom an den Polen zur Abscheidung kommen. Wäre diese a priori wahrscheinlichste Annahme richtig, dann müßte der elektrische Strom stets die Arbeit leisten, die nötig ist, um die Zerlegung des Elektrolyten herbeizuführen. Da zur Trennung so beständiger Verbindungen, wie es die Elektrolyten im nicht gelösten Zustande meist sind, eine nicht unbeträchtliche Arbeitsleistung gehören würde, so müßten elektrische Ströme existieren, welche diese Zersetzung noch nicht zu leisten in der Lage wären. Das Experiment lehrt aber, daß selbst die minimalsten Ströme stets eine Abscheidung der Teile des Elektrolyten an den Elektroden bewirken. Der elektrische Strom kann also nicht die Zersetzung der Elektrolyte bedingen, sondern er leistet nur die Arbeit, daß er bereits vorhandene Zersetzungsprodukte zu den Polen führt. Die Stromleitung bei den Elektrolyten nötigt also zu der Annahme, daß in den Lösungen der Salze, Säuren und Basen bereits Spaltungsprodukte vorhanden sind, und daß der Vorgang der Auflösung die Arbeit leistet, welche die Zersetzung bedingt. In einer Kochsalzlösung müssen wir also annehmen, daß sich wenigstens teilweise an Stelle der Molekeln als Zersetzungsprodukte Natrium und Chlor vorfinden, die, weil sie zu den Elektroden wandern, elektrisch geladen sein müssen, und zwar muß jedes Zersetzungsprodukt die entgegengesetzte Elektrizität haben, wie die Elektrode, zu der es geführt wird. Da das Natrium ebenso wie alle anderen Metalle und der Wasserstoff am negativen Pol zur Abscheidung kommen, müssen sie positiv elektrisch sein, während die Hydroxylgruppe und die Säurereste [SO_4, Cl, NO_3] negativ sind, da sie sich am positiven Pol ablagern. Diese elektrisch geladenen Bestandteile werden nach dem Vorgange von FARADAY als Ionen bezeichnet und zwar werden die an der negativen Kathode sich abscheidenden Ionen als Kationen und die negativen, an der positiven Anode sich abscheidenden Ionen als Anionen bezeichnet. Wird diese aus der Stromleitung der Elektrolyte gefolgerte Annahme zur Erklärung der anormalen Molekulargewichte bei den Elektrolyten herübergenommen, dann ist in ganz ähnlicher Weise wie nach Kap. I. bei der Dissoziation der Gase zu verstehen, daß die Molekulargewichte scheinbar kleiner als der kleinsten chemisch möglichen Molekel entsprechend gefunden werden. Denn wenn jede Molekel in mehrere Teile zerfällt, teilt sich die Gesamtmenge vorhandener Substanz in mehr Teile, als Molekeln vorhanden sind, und man erhält einen kleineren Wert.

Die Annahme der Ionen vermag also sowohl die Erscheinungen der Stromleitung als auch die osmotischen Erscheinungen der Elektrolyte zu erklären, stieß aber trotzdem zunächst bei den Chemikern auf heftigen Widerstand, denn es war eine völlig ungewohnte Anschauung anzunehmen, daß eine Kochsalzlösung freies Natrium und freies Chlor enthalten sollte. Da metallisches Natrium Wasser zersetzt, da elementares Chlor gelb ist, so sagte man, kann keineswegs die Annahme der freien Bestandteile in der beständigen und farblosen Kochsalzlösung gemacht werden. Dabei war aber übersehen worden, daß es sich nicht um die Wirkung der Natrium- und Chlor-Atome und Molekeln handelte, sondern daß von elektrisch geladenen Partikeln die Rede war, Stoffteilchen, welche infolge von Elektrizitätsladungen einen ganz anderen Energieinhalt besaßen als die unelektrischen Molekeln und daher auch ganz andere Eigenschaften zeigen mußten. Chemisch war also die Annahme der freien Ionen zulässig. Es handelte sich nun noch darum zu untersuchen, ob außer den elektrischen und osmotischen Tatsachen die anderen Eigenschaften gelöster Stoffe mit der Vorstellung freier Ionen verträglich waren.

Die Tatsache, daß eine Lösung nach außen stets unelektrisch erscheint, beweist, daß in jeder Lösung gleiche Mengen positiver und negativer Elektrizität vorhanden sind. Es muß also in einer Kochsalzlösung, wo eine Kochsalzmolekel in ein Natrium- und ein Chlorion zerfällt, das Natrium ebensoviel positive Elektrizität tragen wie das Chlor negative. Betrachtet man dagegen eine Baryumchloridlösung, so entstehen hier aus einer Molekel $BaCl_2$ zwei Chlorionen und ein Baryumion. Da, wie eben erwähnt, das Chlorion eine dem Natrium entsprechende negative Ladung trägt, so müssen zwei Chlorionen zweimal diese elektrische Ladung mit sich führen. Wenn dennoch die Chlorbaryumlösung elektrisch neutral ist, dann muß das Baryumion so viel positive Ladungen besitzen, als den negativen Ladungen der 2 Cl-Ionen zukommt, d. h. das Baryum muß zwei positive Ladungen haben. Daß aber ein Baryumatom sich auch in chemischen Eigenschaften so verhält wie zwei Chloratome, ist aus der Valenzlehre bekannt, wo das Chlor einwertig und das Baryum zweiwertig erscheint. Bei weiterer Betrachtung derartiger Beispiele finden wir stets, daß ein Körper so viele elektrische Ladungen trägt, als er Wertigkeiten besitzt, daß also zwischen den Wertigkeiten eines Elementes, mit denen der Chemiker schon lange rechnet, und der Anzahl seiner elektrischen Ladungen in der Ionenform eine vollständige Proportionalität besteht. Daß stets in einer Lösung gleiche Mengen der beiden Elektrizitäten vorhanden sein müssen, kann man als das Gesetz von der Elektroneutralität bezeichnen.

Die Theorie, daß Elektrolyte in ihren Lösungen in Ionen gespalten werden, die Theorie der elektrolytischen Dissoziation, wie sie genannt wird, verlangt keineswegs, daß diese Ionen stets Elemente repräsentieren, sondern es sind Ionen auch durch Bildung eines Atomkomplexes möglich. So zerfällt, wie die Elektrolyse zeigt, z. B. die Schwefelsäure in zwei Wasserstoffionen und das Anion SO_4''[1], die Salpetersäure in ein Wasserstoffion und das Anion NO_3', während als Beispiel eines Atomkomplexes bei der Kationenbildung das Ammonium $NH_4^{\cdot}$ in einer Salmiaklösung erwähnt sei.

Es ist bisher auch noch nicht die Rede davon gewesen, ob in einer Elektrolytlösung die Gesamtmenge des gelösten Stoffes in Ionen zerfallen ist, oder ob diese Dissoziation nur bis zu einem gewissen Punkte fortschreitet. Daß die Dissoziation in einer Elektrolytlösung nicht immer die gleiche sein kann, geht daraus hervor, daß die durch die Ionen bedingte Leitfähigkeit mit der Konzentration wechselt, und daß entsprechend auch die osmotische Molekulargewichtsbestimmung für verschiedene Konzentrationen scheinbar verschiedene Molekulargewichte liefert. Wenn diese beiden Eigenschaften, die uns zur Annahme der Ionen geführt haben, bei demselben Salze wechselnde Werte zeigen, so müssen die Mengen der Ionen wechseln können. Ein solcher Wechsel ist nur möglich, wenn wir annehmen, daß nicht die gesamte gelöste Substanz in Ionen zerfallen ist sondern nur ein

[1]) Negative Ladungen sollen stets durch einen Strich (') oben hinter dem Element, positive Ladungen durch einen Punkt (·) bezeichnet werden.

Teil. Als Maß für die Größe der Dissoziation wollen wir den Dissoziationsgrad einführen, der angeben soll, wie viele Molekeln dissoziiert sind im Verhältnis zu der Gesamtmolekelzahl, die in die Lösung hineingebracht worden ist. Um den Dissoziationsgrad festzustellen, können sowohl die osmotische Methode der Molekulargewichtsbestimmung als auch die Leitfähigkeit der Lösung benutzt werden.

Was die osmotische Methode anlangt, so liefert diese den Dissoziationsgrad nach folgender Überlegung. Wenn z. B. in einer sehr verdünnten Kochsalzlösung an Stelle des Molekulargewichtes 58,5 [Summe der Atomgewichte Na + Cl] nur der Wert 29 gefunden wird, so können wir daraus mit Sicherheit den Schluß ziehen, daß, da die gefundene Zahl die Hälfte des theoretischen Molekulargewichts beträgt, an Stelle einer Molekel stets zwei Ionen getreten sind: alle Molekeln, die vorhanden waren, müssen zerfallen sein. Denken wir uns aber den Fall, daß von je zwei Kochsalzmolekeln nur eine in Ionen zerfällt, während die andere als solche erhalten bleibt, dann werden stets an Stelle zweier Molekeln drei Teile [1 Molekel + 2 Ionen] treten. Das Molekulargewicht wird im Verhältnis von zwei zu drei verkleinert erscheinen, und die direkte Bestimmung wird einen Wert von ungefähr 40 liefern. In umgekehrter Schlußfolgerung läßt sich sagen, daß, wenn wir das Molekulargewicht 40 durch direkte osmotische Bestimmung bei einer Kochsalzlösung finden, die Hälfte der Molekeln zerfallen sein muß, oder der Dissoziationsgrad $^1/_2$ ist. So muß sich durch die gleiche Überlegung für jeden Wert des scheinbaren Molekulargewichts der Dissoziationsgrad berechnen lassen.

Die zweite Methode zur Bestimmung des Dissoziationsgrades beruht, wie vorhin erwähnt, in der Untersuchung der Leitfähigkeit der Elektrolytlösung. Die Leitfähigkeit eines Elektrolyten muß einmal bedingt sein durch die Zahl der vorhandenen freien Ionen und anderseits durch die Beweglichkeit dieser Ionen. Entsprechend ihrer verschiedenen Schwere und Wertigkeit ist es von vornherein unwahrscheinlich, daß alle Ionen gleich schnell wandern. Es läßt sich nun sogar die verschiedene Geschwindigkeit der Ionenwanderungen direkt experimentell dadurch bestimmen, daß die Lösung eines Elektrolyten bei längerem Durchgange des Stromes an den beiden Elektroden verschiedene Konzentrationen zeigt, was nur dadurch erklärt werden kann, daß das eine Ion nach der einen Richtung schneller gewandert ist als das andere nach der anderen Richtung. Bezeichnen wir die Geschwindigkeit der beiden Ionen eines binären Elektrolyten mit u und v und den Dissoziationsgrad mit α, welcher die Anzahl der vorhandenen Ionen ausdrückt, so muß die Leitfähigkeit

$$\lambda = \alpha\,(u + v)$$

sein. Wählen wir sehr verdünnte Lösungen, so zeigt sich, daß von bestimmten sehr großen [sogenannten unendlichen] Verdünnungen an sich der Dissoziationsgrad nicht mehr ändert, und daraus kann man schließen, daß, da hier bei der Konzentrationsänderung eine Veränderung der Ionenzahl nicht mehr stattfindet, in diesen unendlichen Verdünnungen die Menge der Ionen so groß geworden ist, wie sie überhaupt nur werden kann, d. h. daß die Menge der unzersetzten Molekeln so gering ist, daß sie zu vernachlässigen sind. In diesem Falle wird der Dissoziationsgrad, das Verhältnis der zerfallenen Molekeln zu ihrer Gesamtzahl, gleich 1 und

$$\lambda_\infty = 1\,(u + v).$$

Dividieren wir diese beiden Gleichungen durcheinander so erhalten wir

$$\frac{\lambda}{\lambda_\infty} = \alpha.$$

Der Dissoziationsgrad ergibt sich also aus dem Verhältnis der Leitfähigkeiten eines Elektrolyten bei größerer Konzentration und bei unendlicher Verdünnung. Wichtig ist es nun, daß die beiden Methoden, den Dissoziationsgrad zu bestimmen, wie eben hier ausgeführt wurde, zu denselben Werten geführt haben, wodurch eine große Wahrscheinlichkeit für die Richtigkeit unserer Anschauung geliefert wurde; denn es ist klar, daß, wenn zwei ganz heterogene Erscheinungen unabhängig zu demselben Resultate führen, dies als eine Bestätigung der Voraussetzungen angesehen werden kann, auf denen unsere Folgerungen aufgebaut waren.

Nicht unerwähnt darf hier bleiben, was auch aus dem Vorangehenden bereits hervorgeht, daß der Dissoziationsgrad einer Elektrolytlösung mit der Verdünnung stark ansteigt. Ebenso hat sich zeigen lassen, daß der Dissoziationsgrad mit der Temperatur der Lösung variiert, doch können diese Variationen sowohl zu Vergrößerungen als auch zu Verkleinerungen des Dissoziationsgrades führen.

Viertes Kapitel.

Die Anwendung der Ionentheorie auf chemische Vorgänge. Definition und Stärke von Säuren und Basen. Neutralisationsvorgang. Elektroaffinität. Komplexe Ionen. Hydrolyse. Physiologische Wirkungen der Ionen.

Auf elektrolytischer und osmotischer Grundlage sind die Vorstellungen der Ionentheorie aufgebaut, aber der glänzende Erfolg, welcher der Aufstellung der Dissoziationstheorie gefolgt ist, ist nicht auf die beiden genannten Erscheinungen beschränkt, sondern unsere ganze Anschauung über den Verlauf chemischer Reaktionen in Lösungen ist durch diese Vorstellung verändert worden. In wieweit diese Änderungen brauchbar und grundlegend sind und dabei doch einfach, kann an wenigen Beispielen leicht gezeigt werden.

Es ist zweifellos, daß Reaktionen sich schwerer zwischen den undissoziierten Molekeln abspielen werden, als zwischen den Ionen. Denn, wenn eine Molekel AB mit einer Molekel CD reagieren soll, um die Körper AC und BD zu liefern, dann wird bei der Reaktion zwischen den undissoziierten Molekeln zunächst eine Spaltung in die Bestandteile erfolgen müssen, und erst nach erfolgter Spaltung können die Teile A, B, C, D in geeigneter Weise zu Molekeln AC und CD zusammentreten. Eine solche Reaktion erfordert also vor ihrem Beginne eine Zerlegung der reagierenden Stoffe. Liegen aber die freien Ionen vor, so stellen diese bereits die zerspaltenen reaktionsfähigen Teile dar, die mit größter Leichtigkeit sich zu neuen Molekeln zusammenlagern können. Die Mehrzahl der Reaktionen wird sich also zwischen den Ionen vollziehen und ist daher in der Form von Ionenreaktionen zu formulieren.

Zunächst ist es ein Vorteil der Ionentheorie, daß sie eine strengere Definition für Säuren, Basen und Salze liefert, als es bislang der Fall war. Im allgemeinen pflegte man bisher Säuren zu definieren als Wasserstoffverbindungen, welche den Wasserstoff durch Metalle vertreten lassen und Salze bilden. Basen, sagte man, sind Metallverbindungen, welche mit Säuren Salze bilden; und Salze schließlich sind Verbindungen, die durch Vereinigung von Säuren und Basen entstehen. Diese Definitionen verlieren bei näherer Betrachtung deswegen, weil sie Zirkeldefinitionen sind, da jeder der genannten Stoffe immer durch die anderen definiert worden ist. Eine einheitlichere Anschauung liefert die Ionentheorie. Wenn wir die Formeln einiger Säuren in ihren Ionen untereinander schreiben, so erhalten wir folgendes Bild:

$H^{\cdot}Cl'$ Salzsäure

$H^{\cdot}NO_3'$ Salpetersäure

$\genfrac{}{}{0pt}{}{H^{\cdot}}{H^{\cdot}}SO_4''$ Schwefelsäure

u. s. w.

Allen diesen Säuren ist gemeinsam das Wasserstoffion, und es wird daher nahe liegen die gemeinsamen sauren Eigenschaften dem Wasserstoffion zuzuschreiben. Man würde dann zu der folgenden Definition von Säuren kommen: Säuren sind Verbindungen, welche Wasserstoffionen abzuspalten vermögen. Für Basen ergibt sich das Formelbild:

$Na^{\cdot}OH'$ Natronlauge

$K^{\cdot}OH'$ Kalilauge

$Ca^{\cdot\cdot}\genfrac{}{}{0pt}{}{OH'}{OH'}$ Kalkwasser

u. s. w.

Allen diesen ist das Hydroxylion gemeinsam, und man kann in ähnlicher Weise wie vorher, Basen definieren als Verbindungen, welche Hydroxylionen abspalten. Betrachten wir die in der ersten Tabelle stehenden negativen und die in der zweiten stehenden positiven Ionen zusammen, dann führen diese zu den Salzen

$Na^{\cdot}Cl'$

$K^{\cdot}Cl'$

$Ca^{\cdot\cdot}SO_4''$

u. s. w.,

die wir hinstellen können als Ionen bildende Verbindungen, die aber weder H- noch OH-Ionen enthalten. So liefern diese Anschauungen neue einwandsfreie Definitionen für die drei wichtigsten Typen anorganischer Verbindungen. Sie geben aber noch mehr, denn es läßt sich mit Sicherheit sagen, daß diejenigen Säuren die sauren Eigenschaften besonders stark zeigen werden, welche viel H-Ionen enthalten, und daß diejenigen Basen stark sein werden, welche viel Hydroxylionen abspalten. Da die Menge der Ionen durch den Dissoziationsgrad ausgedrückt wird, der experimentell leicht nachzuweisen ist, so müssen die Stärken der

Säuren und Basen quantitativ bestimmbar sein durch den Dissoziationsgrad. Von starken und schwachen Säuren und Basen ist in der Chemie immer die Rede gewesen. Aber um die Stärke oder Schwäche von Säuren abzuwägen, gab es nur ungefähre Schätzungen, während jetzt eine exakte Methode zur Bestimmung von Stärke und Schwäche ausgebildet ist.

Interessant ist auch die Beleuchtung, welche die Dissoziationstheorie dem Hessschen Gesetz gegeben hat, daß bei der Neutralisation starker Säuren mit starken Basen stets die gleiche Wärmemenge entwickelt wird. Ob also Salzsäure mit Kalilauge oder Salpetersäure mit Natronlauge neutralisiert werden, ist in bezug auf die Wärmetönung ganz gleichgültig. Diese Gesetzmäßigkeit ist nach der älteren Auffassung nicht zu erklären.

$$HCl + KOH = KCl + H_2O$$
$$HNO_3 + NaOH = NaNO_3 + H_2O$$

Nach dieser Schreibweise würden in beiden Fällen verschiedene Körper miteinander reagieren und zu wenigstens teilweise verschiedenen Reaktionsprodukten führen. Wieso aber bei der Bildung verschiedener Stoffe aus verschiedenen Materialien stets die gleiche Wärmemenge entwickelt wird, ist völlig unerklärlich. Anders ist es aber, wenn wir den Neutralisationsvorgang nach der Dissoziationstheorie schreiben. Dann müssen die Säuren, die Basen und die Salze in ihre Jonen aufgelöst betrachtet werden, und nur das Wasser tritt als undissoziierte Molekel in Reaktion. Da nämlich, wie im vorigen Kapitel erwähnt, reines Wasser die Elektrizität kaum leitet, Ionen aber nur dort existieren, wo Leitfähigkeiten vorhanden sind, so kann das Wasser nur so wenig Ionen enthalten, daß dieselben zunächst hier vernachlässigt werden können. Unter diesen Voraussetzungen gehen die obigen Formeln in folgendes Bild über:

$$H^{\cdot} + Cl' + K^{\cdot} + OH' = K^{\cdot} + Cl^{\cdot} + H_2O$$
$$H^{\cdot} + NO_3' + Na^{\cdot} + OH' = Na^{\cdot} + NO_3' + H_2O.$$

Da die Kalium- und Chlor- und die Natrium- und Nitrationen auf beiden Seiten der chemischen Gleichungen unverändert erscheinen, so können wir sie weglassen oder, mathematisch ausgedrückt, kürzen und erhalten dann für die beiden Vorgänge die einfacheren Gleichungen

$$H^{\cdot} + OH' = H_2O$$
$$H^{\cdot} + OH^{\cdot} = H_2O.$$

Der Vorgang der Neutralisation kommt also in beiden Fällen auf dasselbe heraus, nämlich auf die Bildung von Wasser aus H- und OH-Ionen. Daß aber derselbe Vorgang stets dieselbe Wärmeentwicklung zur Folge hat, ist selbstverständlich, und das anfänglich als unerklärlich bezeichnete Gesetz von der gleichen Neutralisationswärme erscheint als eine einfache Folgerung unserer Anschauung.

Ebenso wird auch die zunächst gar nicht so einfache Tatsache erklärt, daß die Salze desselben Metalles durch dieselben Reagentien nachgewiesen werden können. Wenn Baryumchlorid oder Baryumnitrat in einer Lösung durch Sulfat in gleicher Weise gefällt werden, so ist das nicht direkt aus der Zusammensetzung dieser Salze zu folgern. Denn, da sich diese beiden verschiedenen Salze im festen Zustande großenteils in ihren Eigenschaften unterscheiden, könnte auch eine verschiedene Reaktionsfähigkeit ihrer Lösungen vorhanden sein. Bei der Annahme jedoch, daß das Reaktionsfähige in den Lösungen von Baryumnitrat und -chlorid stets das gleiche von dem Säurerest unabhängige freie Baryumion ist, läßt sich sofort einsehen, warum in beiden Fällen dieselbe Reaktion erfolgen muß.

$$Ba^{\cdot\cdot} + SO_4'' = BaSO_4$$

Die Theorie der elektrolytischen Dissoziation erledigt auch die oft diskutierte Frage, ob und inwieweit beim Auflösen eines Salzgemisches eine Umsetzung stattfindet. Um ein spezielles Beispiel zu erwähnen, sei der Fall besprochen, daß Kaliumsulfat und Natriumchlorid in Wasser aufgelöst werden, und betrachtet, ob aus den beiden Komponenten vielleicht Natriumsulfat und Kaliumchlorid entstehen. Die Ionentheorie lehrt nun, daß weder die Sulfate von Natrium oder Kalium noch ihre Chloride sich in der Lösung vorfinden, sondern daß diese Natrium, Kalium, Sulfat und Chlor als Ionen enthält. Es muß also offenbar dieselbe Lösung resultieren, wenn Kaliumsulfat und Natriumchlorid oder Natriumsulfat und Kaliumchlorid in entsprechenden Mengen zum Wasser gesetzt werden. Eine praktische Bedeutung kann diese Überlegung gewinnen, wenn es sich um die Herstellung künstlicher Mineralwässer handelt, die mit den natürlichen Quellen identisch sein sollen. Liefert die chemische Analyse einer Quelle bestimmte Mengen Chlor, Sulfat, Kalium und Natrium, so muß sich das identische Mineralwasser herstellen lassen, sowohl aus Kaliumsulfat und Natriumchlorid oder Natriumsulfat und Kaliumchlorid oder schließlich aus den vier Salzen, wenn nur die verwendeten Salzquantitäten diejenigen Mengen der vier Ionen enthalten, welche der Analyse der Quelle entsprechen.

Die obige Gleichung der Baryumsulfatbildung zeigt auch, in welcher Weise die wichtigsten analytischen Reaktionen verlaufen. Es bildet sich aus zwei Ionen ein nicht dissoziierter Körper, welcher in sehr vielen Fällen unlöslich als Niederschlag erscheint (Fällungsreaktion). Es können aber auch undissoziierte Verbindungen entstehen, welche löslich und trotzdem als Reaktionen verwendbar sind, weil nicht nur zwischen der Löslichkeit und den Ionen ein naher Zusammenhang besteht, sondern weil auch die übrigen Eigenschaften von der Ionenbildung abhängen. Eine Eigenschaft, an der sich diese Abhängigkeit leicht zeigen läßt, ist die Farbe von Elektrolytlösungen. Betrachtet man Lösungen von einfachen Ferrisalzen, so sind dieselben sämtlich braun gefärbt. Diese braune Farbe kann z. B. beim Eisenchlorid nicht den Clorionen zukommen, denn die Chlorionen sind in anderen Verbindungen, z. B. in Kochsalzlösungen, farblos. Die bräunliche Farbe muß vielmehr der Anwesenheit der Ferriionen zugeschrieben werden, und ganz allgemein ist zu sagen, daß Ferriionen braun sind. Wird zu einer neutralen Lösung von Ferrichlorid eine Lösung von Natriumacetat gesetzt, deren Ionen farblos sind, wie die Farblosigkeit der ganzen Natriumacetatlösung zeigt, so entsteht eine blutrote Flüssigkeit. Die Farbe dieser Flüssigkeit muß durch die Bildung einer neuen Verbindung bedingt sein, da sie den einzelnen Ionen nicht zukommt. Die Untersuchung lehrt nun, daß Ferriacetat entstanden ist, und zwar muß dieses in Lösung befindliche Salz undissoziiert sein, weil sonst die Farbe der Ionen und nicht die der undissoziirten Molekeln erscheinen müßte. Die Reaktion

$$Fe^{\cdot\cdot\cdot} + 3C_2H_3O_2' = Fe(C_2H_3O_2)_3$$

entspricht also der Bildung einer undissoziierten löslichen Verbindung, welche durch ihre Eigenfarbe kenntlich wird und daher als Reaktion dienen kann (Farbenreaktion). Wenn die Annahme, daß hier eine undissoziierte aber lösliche Verbindung vorliegt, richtig ist, so darf eine Lösung von Ferriacetat den elektrischen Strom gar nicht oder nur schlecht leiten, denn nur, wo Ionen vorhanden sind, kann eine Leitung stattfinden. Das Experiment beweist die Richtigkeit unserer Anschauung.

Ebensogut läßt sich der Zusammenhang zwischen der Farbe

und der Ionenkonzentration nachweisen bei Kupfersalzen. Eine Lösung von Kupfersulfat oder Kupfernitrat erscheint blau. Da wegen der Bekanntschaft mit ungefärbten Sulfaten und Nitraten weder dem Nitrat noch dem Sulfat die blaue Färbung zugeschrieben werden darf, müssen wir die Ansicht vertreten, daß Kupferionen blau sind. Dem könnte man entgegenhalten, daß eine konzentrierte Lösung von Kupferchlorid grün und nicht blau aussieht, daß also trotz der Anwesenheit der Kupferionen nicht die diesen charakteristische Farbe auftritt. Dieser Widerspruch wird aber durch folgende Überlegung gelöst. Eine konzentrierte Lösung von Kupferchlorid enthält außer den Ionen auch immer recht beträchtliche Mengen von undissoziierten Molekeln, die gelb gefärbt sind. In der konzentrirten Lösung, welche sowohl aus gelbem $CuCl_2$ als auch aus blauen Cu-Ionen besteht, muß eine Mischfarbe zwischen gelb und blau erscheinen, und diese Mischfarbe ist grün. Vermindern wir aber die Menge des undissoziierten Salzes durch Verdünnung, dann muß der grünen Farbe eine blaue Platz machen, und in der Tat erscheinen verdünnte Kupferchloridlösungen stets blau. Wird dagegen zu einer Kupfersulfatlösung Cyankalium gefügt, so beobachten wir, daß die anfänglich blaue Lösung farblos wird. Aus dieser Farbenänderung können wir auf das Verschwinden von Kupferionen schließen und nun weiterhin folgern, daß die farblose zweifellos elementares Kupfer enthaltende Lösung keine der chemischen Reaktionen mehr zeigen darf, welche wir in den blauen Kupfersalzlösungen mit Erfolg ausführen können. Die farblose Kupfercyanlösung ergibt in der Tat auch weder mit Schwefelwasserstoff noch mit Laugen eine Kupferreaktion. Die Antwort auf die Frage, was aus dem Kupfer in dieser Lösung geworden ist, kann durch die Elektrolyse dieser Flüssigkeit gegeben werden. Leitet man durch dieselbe nämlich einen elektrischen Strom, so scheidet sich nicht, wie das bei einer blauen Kupfersalzlösung der Fall ist, das Kupfer am negativen Pole ab, sondern das Kupfer wandert zusammen mit dem Cyan an die positive Elektrode. Das Kupfer bildet also mit dem Cyan zusammen ein kompliziertes Ion, welches negativ ist, und welchem nach der Analyse die Formel $Cu(CN)_4$ zukommt. Ein solches aus mehreren Teilen bestehendes Ion wird als komplexes Ion bezeichnet, und es ist klar, daß das Kupfer in der komplexen Ionenform nicht mehr die Reaktionen der gewöhnlichen Kupfersalze zeigen wird, in denen sich das Kupfer als Kation findet.

Bekannt ist ähnliches auch vom Eisen. Die sogenannten Blutlaugensalze enthalten, wie man nachweisen kann, Eisen. Aber sie zeigen keine der Reaktionen, die man bei den gewöhnlichen Eisensalzen beobachtet. Auch hier beruht der Grund dieser Erscheinung auf der Bildung von komplexen Ionen, welche die Abweichungen der normalen Eisenreaktionen von den sogenannten anomalen Reaktionen der Blutlaugensalze einfach erklären.

Die Tatsache, daß die meisten von uns angeführten Reaktionen Ionenreaktionen sind, erklärt weiterhin sofort, warum das Chlor in organischen Verbindungen z. B. dem Chloroform nicht durch diejenigen Reagentien nachgewiesen werden kann, durch welche seine Erkennung in anorganischen Salzen und Säuren gelingt. Die bekannte Reaktion mit Silbernitrat ist nämlich eine Reaktion auf Chlorionen. Da aber das Chloroform trotz seines Chlorgehalts, wie sein Unvermögen den elektrischen Strom zu leiten beweist, keine Chlorionen enthält, so ist das Ausbleiben einer Fällung mit Silbernitrat sofort erklärt. Während man früher das Ausbleiben solcher Reaktionen durch eine nicht definierte festere, häufig als organische Bindung bezeichnete Anschauung zu erklären versuchte, tritt an die Stelle dieser eine wohl definierte durch Tatsachen verschiedener Art begründete Auffassung.

Wenn die Ionen als Verbindungen der Atome mit Elektrizität angesehen werden können, dann ist es sehr wahrscheinlich, daß verschiedene Atome zu der Elektrizität eine verschiedene Anziehung besitzen oder die bereits aufgenommene Elektrizitätsladung verschieden festhalten werden. Die Anziehung zu der Elektrizität wird als Elektroaffinität bezeichnet. Es läßt sich sagen, daß, wenn Ionen von geringerer Elektroaffinität zusammentreffen mit unelektrischen Stoffen von hoher Elektroaffinität, die letzteren den ersteren die Elektrizitätsladung wegnehmen werden. So ist z. B. das Zink elektroaffiner als das Blei. Bringt man daher Bleiionen mit metallischem Zink zusammen, so wird das Zink den Bleiionen die Elektrizitätsladung nehmen: es wird unelektrisches Blei entstehen, während das Zink als Ion in die Lösung geht. Die Erscheinung, welche dieser Vorstellung entspricht, ist als Bildung des „Bleibaums“ bekannt:

$$Zn + Pb^{\cdot\cdot} = Zn^{\cdot\cdot} + Pb.$$

Weiterhin läßt sich sagen, daß Elemente mit großer Elektroaffinität ein großes Bestreben haben werden, Ionen zu bilden und da sie diesem Bestreben nur in Lösungen nachkommen können, werden sie vor allem lösliche Verbindungen zu bilden suchen, während Stoffe mit geringerer Elektroaffinität zur Bildung unlöslicher Niederschläge geneigt sein werden.

Bei den bisherigen Betrachtungen ist angenommen worden, daß das Wasser als Ionenbildner nicht in Frage kommt. Es wurde gesagt, daß das Wasser kaum die Elektrizität zu leiten vermag, und daß etwas gröbere Instrumente eine Leitfähigkeit des Wassers nicht angeben. Wenn man aber sehr feine Apparate verwendet, so läßt sich nachweisen, daß auch das Wasser in sehr geringer aber merklicher Weise den elektrischen Strom leitet, also auch in Ionen zerfallen sein muß, deren Konzentration freilich der minimalen Leitfähigkeit entsprechend nur gering sein kann. Trotz dieser geringen Konzentration vermögen die Ionen des Wassers dennoch gelegentlich an Reaktionen teilzunehmen. Die durch die Wirkung der Ionen des Wassers hervorgerufenen Reaktionen werden als Hydrolysen oder hydrolytische Spaltungen bezeichnet. Die Dissoziation des Wassers kann nach zwei Weisen erfolgen:

(1) $$H_2O = 2H^{\cdot} + O''$$

oder

(2) $$H_2O = H^{\cdot} + OH'.$$

Die Erfahrung lehrt, daß die meisten Dissoziationen, die möglich sind, im allgemeinen auch wirklich vorkommen, und so werden auch im Wasser beide Dissoziationen auftreten. Es tritt aber die Dissoziation (2) wesentlich in den Vordergrund, und mit dieser wollen wir hier nur rechnen. Man könnte zunächst einwenden, daß diese Dissoziation des Wassers deswegen nicht möglich sein kann, weil hier gleichzeitig die charakteristischen Ionen der Säuren und der Basen sich bilden, daß also das Wasser zugleich saure und basische Eigenschaften zeigen müßte. Dabei ist aber zu berücksichtigen, daß gerade das gleichzeitige Auftreten äquivalenter Mengen von H- und OH-Ionen ihre Wirkung aufheben muß, so daß das Nebeneinanderbestehen äquivalenter Konzentrationen von H- und OH-Ionen aus diesem Grunde nicht zu beanstanden ist.

Ein Beispiel für die Wirkung der OH-Ionen des Wassers ist bei der Hydrolyse der Wismutsalze zu erwähnen. Das Wismution bildet bei Gegenwart von OH-Ionen so schwer lösliche

Verbindungen, daß die minimale OH-Ionenkonzentration des Wassers bereits ausreicht, um das Wismut unlöslich zu machen, woher es kommt, daß Wismutsalze in Wasser nicht löslich sind und aus ihren Lösungen in Säuren durch Wasser gefällt werden können. Eine ähnliche Hydrolyse ist auch noch bei anderen Salzen, z. B. bei Antimonverbindungen bekannt. Noch häufiger und wichtiger als die Fälle, in denen das Produkt der hydrolytischen Spaltung infolge seiner Unlöslichkeit sofort ins Auge fällt, ist die Wirkung der Ionen des Wassers in einigen anderen Fällen. Denkt man sich eine Auflösung von Natriumkarbonat in Wasser, dann müssen nebeneinander folgende Ionen auftreten

$$\underbrace{2Na^{\cdot} + CO_3''}_{\text{Natriumkarbonat}} + \underbrace{H^{\cdot} + OH'}_{\text{Wasser}}.$$

Aus denselben vier Ionen können aber außer Natriumkarbonat und Wasser noch Kohlensäure und Natronlauge gebildet werden, und da die Kohlensäure eine ungemein schwache Säure ist d. h. eine solche, welche nur wenig H-Ionen neben Karbonat-Ionen enthalten kann, so wird beim Zusammentreffen ihrer beiden Ionen, wie im obigen Falle, stets die undissoziierte Säure gebildet werden:

$$2Na^{\cdot} + CO''_3 + 2H^{\cdot} + 2OH' = \underbrace{H_2CO_3}_{\text{undiss. Kohlensäure}} + \underbrace{2Na^{\cdot} + 2OH'}_{\text{Natronlauge}}.$$

Bei dieser Umsetzung, welche natürlich nur bis zu einem der Dissoziation der Kohlensäure entsprechenden Grade vor sich geht, wird Natronlauge frei, und die Folge dieser Erscheinung ist es, daß eine solche Lösung alkalisch reagieren muß. Die Tatsache, daß in Lösung Karbonate ebenso wie die Salze mancher anderen schwachen Säure alkalisch reagieren, ist längst bekannt; eine Erklärung aber, welche, wie sich zeigen läßt, sogar quantitativ den Grad der Hydrolyse zu berechnen gestattet, ist jetzt erst möglich geworden. Aus demselben Grunde, aus welchem in dem eben besprochenen Falle das Salz einer schwachen Säure alkalisch reagiert, reagieren Salze einer schwachen Base sauer, wie z. B. die Lösungen von Kupfervitriol und Merkurinitrat. Die Lösung von Natriumkarbonat stellt übrigens, worauf hier wohl aufmerksam gemacht werden kann, schon ein recht kompliziertes System vor, wenn man sich überlegt, daß infolge der elektrolytischen Dissoziation vorhanden sind Natriumionen, Karbonationen und undissoziierte Molekeln Na_2CO_3, zu denen die Ionen des Wassers und infolge der hydrolytischen Spaltung noch undissoziierte Molekeln H_2CO_3 treten.

Ebenso wie sich die chemischen Erscheinungen und, wie an einigen Beispielen gezeigt werden konnte, auch die physikalischen Eigenschaften durch die Ionentheorie darstellen lassen, ist diese Anschauung auch für die Wirkung der Elektrolyte in physiologischer Beziehung wichtig geworden. Denn die chemisch reagierenden Bestandteile, die Ionen, sind, wenigstens in vielen Fällen, auch das Wirksame in physiologischer Hinsicht. Bekannt ist die überaus giftige Wirkung der Blausäure und des Cyankaliums. Da die Giftigkeit weder den K-Ionen noch den H-Ionen zukommen kann, muß sie als eine Eigenschaft der Cyanionen aufgefaßt werden. Verwenden wir aber Lösungen, welche das Cyan nicht als Einzelion, sondern in komplexer Ionenform enthalten, z. B. in der Form eines Blutlaugensalzes (s. S. 31), welches Eisencyankomplexionen enthält, dann ist die Giftigkeit verschwunden. Ein noch besseres Beispiel hierfür bieten die Quecksilberverbindungen dar. Aus der Desinfektionswirkung des Quecksilberchlorids, des Sublimats, muß erschlossen werden, daß die Quecksilberionen giftig sind, und wenn eine Verbindung aus Quecksilber und Cyan hergestellt wird, so ist a priori für diese eine ganz besondere Giftigkeit zu erwarten. Das Quecksilbercyanid enthält aber, wie nachgewiesen werden kann, nur sehr wenige Ionen, und seine Giftigkeit ist infolgedessen recht gering. Es hat sich sogar ein quantitativer Zusammenhang zwischen der Giftwirkung und der Ionenkonzentration nachweisen lassen, indem die Giftigkeit von Quecksilbersalzen auf Bakterien genau dieselbe Reihenfolge zeigt, wie die Dissoziationsgrade der Salze.

Fünftes Kapitel.

Homogene und heterogene Systeme. Das chemische Gleichgewicht. Die Gleichgewichtskonstante nach dem Massenwirkungsgesetz. Anwendung des Massenwirkungsgesetzes auf die Dissoziationstheorie.

Um die Brauchbarkeit der Dissoziationstheorie für die Erklärung chemischer Reaktionen noch näher ins Auge zu fassen, wird es nötig, die allgemeinen Gesetzmäßigkeiten zu besprechen, welche den Verlauf chemischer Reaktionen bedingen. Wenn unter dem Namen System die Gesamtheit aller reagierenden Stoffe bei einem Vorgange bezeichnet wird, so können wir zwischen homogenen Systemen, welche an allen Punkten physikalisch und chemisch gleichartig sind, und heterogenen Systemen unterscheiden, bei denen eine Gleichartigkeit an verschiedenen Punkten nicht vorhanden ist. Ein homogenes System erhält man z. B., wenn man Wasser mit Alkohol mischt, da der Alkohol und das Wasser sich vollkommen durchdringen, so daß an allen Punkten die Zusammensetzung der Lösung an beiden Stoffen die gleiche ist. Ein inhomogenes System dagegen erhalten wir, wenn Wasser und Chloroform zusammengebracht werden, weil das Chloroform mit dem Wasser sich nicht mischt, sondern seiner größeren Schwere folgend sich unter dasselbe lagert. Durch eine Oberfläche getrennt ist hier der untere Teil des Systems von dem oberen geschieden, und die Gleichartigkeit, welche im ersten Falle zwischen allen Teilen der Lösung vorhanden war, ist hier verschwunden.

In heterogenen Systemen vollziehen sich die Reaktionen, welche wir als Fällungsreaktionen bezeichnen. Wenn z. B. eine homogene Lösung von Baryumchlorid und eine homogene Lösung von Natriumsulfat zusammengegossen werden, so entsteht das unlösliche Baryumsulfat, welches seiner Schwere entsprechend sich am Boden absetzt, während darüber eine klare Lösung stehen bleibt. Diese Ausfällung hat also zu einem heterogenen System geführt, und gleichzeitig ergibt das Experiment, daß diese Ausfällung des Baryums durch Sulfat quantitativ vor sich gegangen ist, d. h. es ist möglich, durch genügenden Zusatz von Sulfat das gesamte Baryum oder umgekehrt durch genügende Baryummengen das gegesamte Sulfat auszufällen. Reaktionen im heterogenen System verlaufen also bis zum völligen Verbrauch der reagierenden Stoffe, und zu ihnen gehören die quantitativen Reaktionen, welche man in der gewichtsanalytischen Chemie benutzt.[1]

Ganz anders dagegen verhalten sich die Reaktionen, welche in einem homogenen System verlaufen. Wird Joddampf und Wasserstoff zusammengebracht, so beginnt die Vereinigung der beiden Elemente zu gasförmigem Jodwasserstoff

$$H_2 + J_2 = 2\,HJ.$$

Diese Reaktion verläuft aber nicht vollständig von links nach rechts im Sinne der geschriebenen Gleichung, derart, daß der gesamte Wasserstoff und das gesamte Jod verschwinden, und nur noch Jodwasserstoff vorhanden ist, sondern bevor die Reaktion zu Ende gehen kann, bleibt sie stehen, und es befinden sich nebeneinander im Gasraum unverbunden Wasserstoff und Jod sowie der neugebildete Jodwasserstoff. Die Versuche lehren, daß für jede Temperatur und für bestimmte Ausgangskonzentrationen von Wasserstoff und Jod das Verhältnis der drei Bestandteile im Gasraume ein konstantes ist.

Die Tatsache, daß diese chemische Reaktion vor dem völligen Verbrauch der Ausgangsmaterialien zum Stillstand kommt, läßt sich am besten durch die Annahme erklären, daß der gebildete Jodwasserstoff ein Bestreben besitzt, wieder in seine Komponenten zu zerfallen. Solange die Menge des Jodwasserstoffs gering ist, d. h. am Beginne der Reaktion, wird dieses Bestreben zurücktreten gegenüber dem Vereinigungsbestreben der großen Konzentrationen von Wasserstoff und Jod. Je mehr diese letzteren Konzentrationen aber durch Bildung von Jodwasserstoff verringert werden, desto mehr wird das Zerfallsbestreben des letzteren in den Vordergrund treten, und es wird sich schließlich ein Gleichgewichtszustand herstellen, bei dem in jedem Augenblick die Menge des aus Wasserstoff und Jod gebildeten Jodwasserstoffs ebenso groß ist wie die durch Zerfallen aus Jodwasserstoff zurückgebildeten Quantitäten Wasserstoff und Jod. Die in dem homogenen Gasraum sich abspielende Jodwasserstoffbildung führt also zu einem Gleichgewichtszustand, und in derselben Weise

[1] In soweit jeder ausfallende Stoff auch etwas, wenn auch vielleicht sehr wenig, löslich ist, stellt die über dem Niederschlag stehende Lösung ein homogenes System vor und folgt den gleich zu besprechenden Gesetzen eines solchen. Die Reaktionen der heterogenen und homogenen Systeme stellen also gewissermaßen nur einen quantitativen, keinen qualitativen Unterschied vor.

verhalten sich alle anderen Reaktionen in homogenen Systemen. Ein Beispiel für eine solche Gleichgewichtsbildung in Flüssigkeiten ist die bekannte von BERTHELOT und PÉAN DE ST. GILLES untersuchte Esterbildung aus Alkohol und Säure:

$$\underset{\text{Alkohol}}{C_2H_5OH} + \underset{\text{Essigsäure}}{CH_3COOH} = \underset{\text{Essigsäureäthylester}}{CH_3COOC_2H_5} + H_2O$$

Bringt man Alkohol und Essigsäure zusammen, so beginnt alsbald die Bildung von Essigsäureäthylester und Wasser. Aber die in der homogenen Flüssigkeit sich vollziehende Reaktion verläuft nicht bis zum Verschwinden der gesamten Alkohol- und Säuremenge, sondern führt zu einem Gleichgewichte, in welchem alle vier Stoffe nebeneinander sich vorfinden.

Die allgemeine Gesetzmäßigkeit, durch welche die Zusammensetzung chemischer Gleichgewichte geregelt erscheint, läßt sich aus dem Massenwirkungsgesetze von GULDBERG und WAAGE ableiten. Bringen wir, um einen allgemeinen Fall zu wählen, einen Stoff A mit einem Stoffe A_1 zusammen, die sich zu B und B_1 umsetzen sollen, dann möge ihre Fähigkeit, im homogenen System zu reagieren, durch die Gleichung

$$A + A_1 \rightleftarrows B + B_1$$

zum Ausdrucke gebracht werden, wobei die beiden entgegengesetzten Pfeilstriche ausdrücken sollen, daß die Reaktion nach beiden Seiten verlaufend schließlich zu einem Gleichgewichte führt. Damit Stoff A und Stoff A_1 mit einander reagieren können, wird es nötig sein, daß eine Molekel des Stoffes A und eine Molekel des Stoffes A_1 zusammentreffen. Die Wahrscheinlichkeit, daß solche Zusammenstöße erfolgen, wird direkt proportional den Konzentrationen der beiden Stoffe sein, welche durch die kleinen Buchstaben des lateinischen Alphabets ausgedrückt werden sollen. Die Geschwindigkeit,[1] mit welcher die Reaktion sich vollzieht, wird nun außer von der Häufigkeit der Zusammenstöße noch abhängen von einer Reihe äußerer Einflüsse wie Temperatur, Belichtung u. s. w., welche für jede Reaktion einen bestimmten Wert haben und als konstant mit k bezeichnet werden. Es läßt sich dann die Geschwindigkeit, mit welcher die obige Reaktion von links nach rechts verläuft, darstellen durch die Gleichung

$$\underset{\rightarrow}{v} = k \cdot a \cdot a_1 .$$

[1] Die genauere Ableitung der Gleichungen von der Reaktionsgeschwindigkeit enthält das nächste Kapitel.

Die Reaktionsgeschwindigkeit, mit welcher B und B_1 im entgegengesetzten Sinne zerfallen, läßt sich nach genau denselben Gesichtspunkten bestimmen zu

$$\underset{\leftarrow}{v} = k_1 b \cdot b_1 ,$$

wobei k_1 die konstanten Einflüsse auf die zweite Reaktion und b und b_1 die Konzentrationen der Stoffe B und B_1 darstellen. Das Gleichgewicht ist, wie oben ausgeführt wurde, dann erreicht, wenn die beiden Geschwindigkeiten gleich werden, also wenn

$$\underset{\rightarrow}{v} = \underset{\leftarrow}{v}$$

oder

$$k \cdot a \cdot a_1 = k_1 \cdot b \cdot b_1$$

ist. Durch Division von k und b und b_1 erhalten wir:

$$\frac{a \cdot a_1}{b \cdot b_1} = \frac{k_1}{k} = K.$$

$\frac{k_1}{k}$ ist der Quotient zweier konstanten Werte, also eine neue Konstante K. Diese Beziehung besagt, daß im Gleichgewichtszustande das Produkt der Konzentrationen auf der einen Seite einer chemischen Gleichung dividiert durch das Produkt der Konzentrationen auf der anderen Seite stets denselben Wert ergeben muß. Die Gleichung läßt sich natürlich sofort für den Fall verallgemeinern, daß nicht zwei Ausgangsstoffe zu zwei Endprodukten führen, sondern daß beliebige Anzahlen von Stoffen reagieren und beliebig viele Reaktionsprodukte liefern. Näher betrachtet soll noch der Fall werden, daß von allen Stoffen nicht wie im obigen Beispiel stets gleiche Molekelzahlen sondern verschiedene Molekelzahlen mit einander reagieren, also der Fall

$$n \cdot A + n_1 \cdot A_1 \rightleftarrows m\,B + m_1\,B_1 .$$

In diesem Falle muß berücksichtigt werden, daß stets zum Zustandekommen der Reaktion n Molekeln A mit n_1 Molekeln A_1 zusammentreffen müssen, und die Wahrscheinlichkeit, daß solche Zusammenstöße stattfinden können, wird der $n$ten resp. $n_1$ten Potenz der Konzentrationen entsprechen.

$$v_{\rightarrow} = k\,a^n \cdot a_1^{n_1}$$
$$v_{\leftarrow} = k_1\,b^m \cdot b^{m_1} .$$

Für den Fall des Gleichgewichts ergibt sich daraus

$$\frac{a^n \cdot a_1^{n_1}}{b^m \cdot b_1^{m_1}} = K.$$

Die Richtigkeit dieser Gleichungen konnte an vielen Fällen z. B. auch bei dem vorhin erwähnten Beispiel der Bildung von Jodwasserstoff oder der Esterbildung geprüft und nachgewiesen werden. Diese Gleichungen lassen sich nun auch auf die Jonen übertragen, denn die Lösung eines Elektrolyten stellt stets ein homogenes System vor, und die bei der Auflösung eines Elektrolyten stattfindende Reaktion entspricht dem Zerfall der undissoziierten Molekeln in die Jonen z. B.

$$NaCl = Na^{\cdot} + Cl'.$$

Es muß sich bei der Auflösung eines Elektrolyten stets ein Gleichgewichtszustand zwischen den undissociierten Molekeln und den Jonen herstellen. Das Massenwirkungsgesetz lehrt also in Übereinstimmung mit den im Kapitel III besprochenen Erscheinungen der Elektrolyse und des osmotischen Druckes, daß niemals die Gesamtmenge des aufgelösten Stoffes in Ionen dissoziiert sein kann, sondern daß stets etwas, manchmal viel, manchmal wenig, von den undissoziierten Molekeln vorhanden sein muß. Das Verhältnis der Mengen von undissoziierten Molekeln und ihren Ionen wird durch eine Beziehung ausgedrückt, die, aus dem Massenwirkungsgesetze gefolgert, den eben besprochenen Gleichungen entspricht. Bezeichnen wir in dem letzten Beispiele die Konzentration des undissoziierten Kochsalzes mit c, die der Natriumionen mit a und die der Chlorionen mit b, so muß

$$\frac{a \cdot b}{c} = K$$

sein. Noch häufiger gebraucht man die Gleichung wohl in der Form

$$a\,b = K \cdot c.$$

Einige Anwendungen dieser Gleichung, die natürlich für alle Dissoziationen gelten muß, seien hier angeführt.

Es ist bekannt, daß Magnesiumsalze durch Ammoniak als Hydroxyd ausgefällt werden, daß diese Fällung aber unterbleibt, wenn die Lösung Ammoniumsalze enthält. Die Fällung des Magnesiums als Hydroxyd ist bedingt durch die OH-Ionen des Ammoniaks NH_3, welches in wässeriger Lösung zuerst Ammoniumhydroxyd bildet, das entsprechend seiner Basizität zum Teil in Ammonium- und Hydroxyl-Ionen dissoziiert.

$$NH_3 + H_2O = NH_4OH$$
$$NH_4OH = NH_4^{\cdot} + OH'.$$

Die Reaktion zwischen Magnesiumsalzen und Ammoniak entspricht der Ionengleichung

$$Mg^{\cdot\cdot} + 2\,OH' = Mg(OH)_2.$$

Zwischen den Ionen des Ammoniaks und den undissoziierten Molekeln muß ein chemisches Gleichgewicht bestehen, das [wenn wir die Konzentrationen durch in eckige Klammern eingeschlossene chemische Symbole bezeichnen] folgendermaßen geschrieben werden kann

$$[NH_4^{\cdot}] \cdot [OH'] = K[NH_4OH].$$

Die OH-Ionenkonzentration ist groß genug, um das Magnesium zu fällen. Befindet sich aber gleichzeitig ein Ammoniumsalz in der Lösung, welches seinerseits NH_4-Ionen enthält, so wird die Konzentration der NH_4-Ionen vergrößert erscheinen. Wenn aber in der eben geschriebenen Gleichung des chemischen Gleichgewichts die NH_4-Ionenkonzentration erhöht ist, so muß, damit die Gleichung weiter gelten kann, die OH-Ionenkonzentration vermindert sein. Durch den Zusatz eines Ammoniumsalzes wird also die Menge der OH-Ionen verringert, welche die Ausfällung des Magnesiums bewirken, und es kann durch genügenden Zusatz von Ammoniumsalz die Verringerung so stark werden, daß die OH-Ionenkonzentration zu einer Fällung nicht mehr ausreicht. Ganz allgemein läßt sich sagen, daß Basen, besonders schwache Basen wie das Ammoniak, bei Gegenwart ihrer Salze schwächer basische Eigenschaften zeigen als in rein wässeriger Lösung. Ebenso müssen schwache Säuren schwächer erscheinen, wenn ihnen ein Neutralsalz mit gleichem Anion zugesetzt wird. Die Essigsäure z. B., welche in die Ionen $H^{\cdot}$ und Acetat $C_2H_3O'_2$ zerfallen ist, deren Gleichgewicht durch die Gleichung

$$[H^{\cdot}] \cdot [C_2H_3O_2'] = K \cdot [C_2H_4O_2].$$

ausgedrückt werden kann, muß durch einen Zusatz von Natriumacetat deswegen schwächer werden, weil die Acetationen des Salzes die Acetationen der Säure in der obigen Gleichgewichtsgleichung vermehren; der Vermehrung der Acetationen muß aber eine Verminderung der H-Ionen d. h. also derjenigen Ionen, welche die sauren Eigenschaften zur Folge haben, entsprechen.

Eine Anwendung hiervon macht man in der Analyse bei der Trennung von Metallen. Diejenigen Metalle, welche als Metalle der Schwefelwasserstoffgruppe bezeichnet werden, sind dadurch ausgezeichnet, daß sie bereits mit sehr kleinen Schwefelionenkonzentrationen unlösliche Sulfide bilden, wodurch sie von den anderen Metallen getrennt werden können, deren Sulfide nur durch große Schwefelionenkonzentrationen entstehen. Solche kleinen Schwefelionenkonzentrationen besitzt eine saure Schwefelwasserstofflösung. Der Schwefelwasserstoff H_2S ist in 2 Wasserstoffionen und 1 Schwefelion dissoziiert $H_2S = 2\,H^{\cdot} + S''$ bis zu dem Gleichgewicht

$$[H^{\cdot}]^2 \cdot [S''] = K\,[H_2S].$$

Die Schwefelionenkonzentration dieses Gleichgewichts ist aber noch zu groß, als daß sie nur bestimmte Metalle als unlösliche Sulfide ausfällen würde, sie kann aber durch einen Zusatz von H-Ionen d. h. durch Hinzufügen einer Säure noch weiter erniedrigt werden. Die in dieser Weise gewonnenen kleinen Schwefelionenkonzentrationen werden zur Ausfällung und Trennung gewisser Metalle von anderen benutzt.

Durch die Anwendung solcher Gleichgewichtsgleichungen läßt sich auch erklären, warum hydrolytische Spaltungen durch Wasser in sauren Lösungen nicht bewirkt werden. Wie bei der Besprechung der Hydrolyse angegeben, ist das Wasser in sehr geringem Grade in Ionen zerfallen, und es muß hier natürlich auch eine Gleichgewichtsgleichung

$$[H^{\cdot}]\;[OH'] = K\,[H_2O]$$

gelten. Die in diesem Gleichgewicht vorhandenen OH-Ionen reichten, wie früher angegeben, aus, um z. B. Wismut zu fällen. Versetzen wir aber die Flüssigkeit mit einer Säure, vermehren wir also die H-Ionenkonzentration, so muß die OH-Ionenkonzentration verringert werden und eine hydrolytische Spaltung durch die OH-Ionen des Wassers wird unmöglich. Infolgedessen sind Wismutsalze, die in Wasser unlöslich sind, in Säuren löslich.

Von Wichtigkeit sind auch die Überlegungen, die man auf Grund des Massenwirkungsgesetzes über gewisse Löslichkeitsverhältnisse anstellen kann. Ein nicht nur für den Chemiker, sondern auch für den Physiologen interessanter Stoff ist die Harnsäure, welche, wie bereits ihr Name sagt, als Säure fungiert und daher eine elektrolytische Dissoziation in Wasserstoffionen zeigen muß. Die Harnsäure sollte nun, wie besonders in der medizinischen Literatur verbreitet war, in Säuren leichter löslich sein wie in Wasser. Diese Angabe mußte von vornherein als unwahrscheinlich erscheinen, denn sie stand in einem Gegensatze zu den Forderungen des Massenwirkungsgesetzes. Wenn wir uns überlegen, in welcher Weise in wässeriger Lösung die Dissoziation der Harnsäure verlaufen muß, so kommen wir zu folgendem Bilde

$$[H^{\cdot}]\,[C_5H_3N_4O_3{}'] = K\,[\underset{\text{Harnsäure}}{C_5H_4N_4O_3}].$$

Wird an Stelle des wässerigen Lösungsmittels eine Säure verwendet, so wird die H-Ionenkonzentration vermehrt, und dieser Vermehrung muß eine Verminderung der negativen Harnsäureionen entsprechen. Werden aber die Anionen der Harnsäure vermindert, so muß die Gesamtlöslichkeit verkleinert erscheinen. In der Tat ergab die genaue experimentelle Nachprüfung der Löslichkeit der Harnsäure, daß dieselbe, wie die Theorie voraussehen läßt, in Säuren geringer ist als in Wasser, und daß die älteren gegenteiligen Ergebnisse durch unrichtige Versuchsanordnungen bedingt waren. Die an diesem Beispiel erläuterte Erscheinung läßt sich ganz allgemein derart aussprechen, daß die Löslichkeit eines Elektrolyten durch Zusatz eines anderen gleichionigen Bestandteils vermindert werden muß.

Sechstes Kapitel.

Reaktionsgeschwindigkeit. Zuckerinversion. Katalyse.

Die Besprechung der chemischen Gleichgewichte, denen das vorige Kapitel gewidmet war, bildet den einen Teil desjenigen Gebietes der physikalischen Chemie, der als chemische Mechanik bezeichnet wird und die Gesetze über den Verlauf chemischer Reaktionen betrifft. Der andere Teil der chemischen Mechanik hat die Aufgabe zu lösen, die Geschwindigkeiten zu bestimmen, mit welcher Stoffe chemisch zu reagieren in der Lage sind. Sehr oft werden chemische Reaktionen momentan bis zu Ende verlaufen; hierzu gehören vor allem diejenigen Umsetzungen, welche sich zwischen Ionen vollziehen, z. B. die Ausfällungen der quantitativen Analyse, welche beim Zusammenbringen der reagierenden Stoffe momentan vor sich gehen. Andere Reaktionen dagegen brauchen eine meßbare Zeit, bis sie ihren Abschluß erreicht haben. Es sind das vor allem Reaktionen, die sich zwischen Stoffen abspielen, die entweder gar nicht dissoziiert erscheinen, oder deren Ionenkonzentrationen doch sehr gering sind. Der Grund, warum Ionenreaktionen häufig momentan verlaufen, während Reaktionen zwischen undissoziierten Molekeln längere Zeit beanspruchen, ist derselbe, durch den schon in Kapitel IV die hohe Reaktionsfähigkeit der Ionen erklärt wurde: die freien Ionen sind im reaktionsfähigen Zustande und brauchen sich nur nebeneinander zu lagern, damit ein neuer Stoff gebildet wird. Wenn dagegen garnicht oder schwach dissoziierte Molekeln miteinander reagieren, dann müssen diese zunächst in reaktionsfähige Teile zerfallen, und erst diese können chemische Wirkungen ausüben. Daß aber diese Spaltungen der Molekeln eine Zeitdauer erfordern, ist wohl verständlich. Bei der Frage nach der Geschwindigkeit chemischer Reaktionen werden also die typischen Ionenreaktionen auszusondern sein.

Zur Feststellung der Geschwindigkeit, mit welcher Reaktionen verlaufen, soll der Begriff der Reaktionsgeschwindigkeit eingeführt werden, die das Verhältnis von umgesetzter Stoffmenge zu der zur Umsetzuug nötigen Zeitdauer darstellt. Es ist klar, daß eine Reaktion dann als eine schnelle bezeichnet wird, wenn in einer bestimmten Zeit große Stoffmengen umgesetzt sind, der eben genannte Quotient also groß wird, während die Reaktionsgeschwindigkeit klein genannt wird, wenn die in derselben Zeit umgesetzte Stoffmenge unbedeutend ist, der Quotient also einen geringen Wert hat. Die Reaktionsgeschwindigkeit wird während eines Vorganges nicht immer die gleiche bleiben, sondern sich stetig verändern. Wenn am Anfang der Reaktion große Substanzmengen aufeinander treffen, wird die Geschwindigkeit der Umsetzung groß sein, während der Verminderung der stofflichen Konzentrationen durch die Reaktion auch eine Verkleinerung der Reaktionsgeschwindigkeit parallel verlaufen wird. Soll daher über die Reaktionsgeschwindigkeit etwas Bestimmtes ausgesagt werden, so müssen wir aus der ständig sich verändernden Gesamtgeschwindigkeit einen Punkt herausgreifen und die Beziehungen dieses zu den äußeren Verhältnissen feststellen. Es wird sich also um die Vergleichung sehr kleiner Stoff- und Zeitteilchen handeln. Solche kleinen Werte werden mathematisch als Differentiale bezeichnet und durch den Vorsatz *d* zur Anschauung gebracht. Bezeichnen wir die in der Zeit t umgesetzte Stoffmenge mit x, so wird der Quotient $\frac{dx}{dt}$ die Reaktionsgeschwindigkeit darstellen.

Bei der Betrachtung eines Vorganges, bei welchem nur ein Stoff in Reaktion tritt, läßt sich sagen, daß die Reaktionsgeschwindigkeit direkt proportional der Konzentration dieses Stoffes in jedem Augenblick sein wird; denn je größer die Konzentration des Stoffes ist, desto schneller wird er sich auch zersetzen. Weiterhin wird natürlich die Geschwindigkeit auch noch von den äußeren Bedingungen, der Temperatur, der Belichtung u. s. w. abhängen. Diese Einflüsse, die für jede Reaktion konstant sind, sollen als Konstante K zusammengefaßt werden. Ist die anfängliche Konzentration des reagierenden Stoffes A, die in der Zeit t umgesetzte Stoffmenge x, so wird die Reaktionsgeschwindigkeit

$$\frac{dx}{dt} = K \cdot (A - x) \text{ sein.}$$

Die Gleichung ist in dieser Form nicht experimentell auf ihre Richtigkeit zu prüfen, denn, wie vorhin gesagt wurde, sollten dx und dt minimal kleine Werte bedeuten. Es gelingt aber mit Hülfe der höheren Mathematik, dieser Gleichung eine andere Form zu geben und sie in den Ausdruck

$$\frac{1}{t} \cdot \log \frac{A}{A - x} = K$$

umzuwandeln. In dieser Gleichung sind nur bestimmbare Größen vorhanden. A ist die Anfangskonzentration des reagierenden Stoffes und t ist die Zeit, in welcher von der Anfangskonzentration die Konzentration x sich umgesetzt hat. Die Gleichung besagt, daß, wenn für verschiedene Werte von t, die mit der Uhr bestimmbar sind, die zugehörigen Werte von x auf irgend eine analytische Weise festgelegt werden, die Verknüpfung der Werte A, x und t in der durch die Gleichung geforderten Weise stets einen konstanten Wert ergeben muß.

Die Richtigkeit dieser Gleichung läßt sich durch die Prüfung der Zuckerinversion experimentell beweisen. Der Rohrzucker zerfällt in wässeriger Lösung in Traubenzucker und Fruchtzucker, welche beide isomer nach der Formel $C_6H_{12}O_6$ zusammengesetzt sind:

$$\underset{\text{Rohrzucker}}{C_{12}H_{22}O_{11}} + H_2O = \underset{\text{Traubenzucker}}{C_6H_{12}O_6} + \underset{\text{Fruchtzucker}}{C_6H_{12}O_6}.$$

Man könnte einwenden, daß diese Zersetzung des Rohrzuckers nicht dem Schema einer Reaktion entspricht, bei der nur eine Molekelart in Frage kommt [man nennt eine solche Reaktion monomolekular]; denn es beteiligt sich ja an der Umwandlung nicht nur der Rohrzucker sondern auch das Wasser. Aber da die Reaktion in wässeriger Lösung verläuft, wo das Lösungsmittel stets in einem sehr großen Überschusse vorhanden ist, so wird die Quantität des reagierenden Wassers in Rücksicht auf das überhaupt vorhandene Wasser so gering sein, daß man seine Menge vernachlässigen kann. Die Inversion des Rohrzuckers kann messend verfolgt werden, und es zeigt sich, daß, wie die nachstehende Tabelle lehrt, der oben abgeleitete Ausdruck innerhalb der Versuchsfehler wirklich konstant ist:

t in Minuten	Konzentration	$\frac{1}{t} \log \frac{A}{A-x} = K$
0′	65,45	
15′	62,45	$1{,}33 \cdot 10^{-3}$
30′	59,70	1,34
45′	56,95	1,33
60′	54,45	1,34
75′	51,95	1,36
90′	49,45	1,35
105′	46,95	1,37
120′	44,70	1,37
		Mittel $1{,}35 \cdot 10^{-3}$

Handelt es sich um eine Reaktion, bei welcher zwei Molekeln an der Umsetzung beteiligt sind, eine Reaktion, die als bimolekular bezeichnet wird, dann wird sich eine ebensolche Gleichung für die Reaktionsgeschwindigkeit ableiten lassen, als es bei der monomolekularen Reaktion der Fall war, nur wird es natürlich nötig werden, nicht allein die Konzentrationsveränderung des einen Stoffes [A] sondern auch die des zweiten [B] zu berücksichtigen. Der Ausdruck für die Reaktionsgeschwindigkeit wird also folgendermaßen lauten:

$$\frac{dx}{dt} = K \cdot (A - x)(B - x).$$

Auch diese Gleichung muß zur experimentellen Prüfung umgerechnet werden, damit an Stelle der unendlich kleinen Werte dx und dt meßbare Größen treten, was in derselben Weise, wie für die monomolekularen Reaktionen gelingt und zu einer Gleichung von der Form

$$\frac{1}{t(A-B)} \log \frac{B(A-x)}{A(B-x)} = K$$

führt.

Wird hier von bestimmten Konzentrationen der Stoffe A und B ausgehend die Reaktion messend verfolgt der Art, daß die zu bestimmten Werten von A und B gehörigen Mengen umgesetzter Substanz x aufgefunden werden, dann müssen die zusammengehörigen Werte in der Form der genannten Gleichung zusammengestellt immer zu einer Konstanten führen. Dieser Fall ließ sich zuerst bei der Verseifung der Ester durch Lauge in Alkohol und Natriumsalz der Säure realisieren

$$\underset{\text{Ester}}{CH_3COOC_2H_5} + NaOH = \underset{\text{Salz}}{CH_3COONa} + \underset{\text{Alkohol}}{C_2H_5OH}$$

und lieferte in der Tat eine Konstante.

Beispiele für die Geltung dieser Gesetzmäßigkeiten bei mono- und bimolekularen Reaktionen sind häufig aufgefunden worden. Weniger häufig dagegen konnten kompliziertere Reaktionsverlaufe nachgewiesen werden. Trimolekulare Reaktionen, d. h. solche, bei denen drei Molekeln reagieren, und die einer Gleichung

$$\frac{dx}{dt} = K(A-x)(B-x)(C-x)$$

entsprechen müssen, sind nur einige wenige beobachtet worden, Reaktionen noch höherer Ordnung sind, wenn überhaupt, nur ganz vereinzelt bekannt. Es hat sich bei der Untersuchung gezeigt, daß, wenn man komplizierte Reaktionsvorgänge erwarten sollte, die Reaktion in mehrere einfache zerlegt wird und an Stelle des komplizierten Reaktionsmechanismus eine Stufenfolge von einfachen tritt. Die Verseifung der Fette, welche als Triester des dreiwertigen Alkohols Glyzerin mit drei Molekeln Natronhydrat reagieren sollten:

$$\underset{\text{Fett}}{C_3H_5R_3} + 3\,NaOH = \underset{\text{Glyzerin}}{C_3H_5(OH)_3} + 3\,NaR,$$

wobei R den Rest einer Fettsäure vorstellen soll, die sich im Fett vorfindet, muß nach dieser Umsetzungsgleichung einer tetramolekularen Reaktion, an der vier Molekeln teilnehmen, entsprechen. Die genaue Untersuchung dieses Vorganges lehrt aber, daß in Wirklichkeit nicht eine tetramolekulare Reaktion vor sich geht, sondern daß nur bimolekulare Reaktionen zu beobachten sind. Es darf also die Verseifung nicht als ein Mechanismus zwischen vier Molekeln geschrieben werden, sondern an Stelle dieses Verlaufes muß eine Reihe von Reaktionen angenommen werden, die sich stets nur zwischen zwei Molekeln abspielen, sodaß für die Verseifung der Fette folgende Formelbilder in Betracht kommen:

$$\underset{\text{Fett}}{C_3H_5R_3} + NaOH = \underset{\text{Diester}}{C_3H_5R_2OH} + NaR$$

$$C_3H_5R_2OH + NaOH - \underset{\text{Monoester}}{C_3H_5R\,(OH)_2} + NaR$$

$$C_3H_5R\,(OH)_2 + NaOH = \underset{\text{Glyzerin}}{C_3H_5\,(OH)_3} + NaR.$$

Die Untersuchung lehrt also, daß die Neigung zu komplizierten Reaktionsvorgängen nur gering ist, und daß auch hier die Natur die einfachen Verhältnisse bevorzugt.

Für die chemischen Vorgänge ist der Begriff der Reaktionsgeschwindigkeit von ungeheurer Bedeutung, denn es haben natürlich vor Allem nur diejenigen Vorgänge einen praktischen Wert, deren Reaktionsgeschwindigkeit eine gewisse Größe erreicht. Reaktionen, die sich mit unmerklicher Geschwindigkeit vollziehen, können wohl für die Entwicklung der Erde und der Gestirne in geologischen Epochen von Wert sein, weil für das Leben der Sterne die Zeit eine nur geringe Rolle spielt; für den Menschen aber ist eine gewisse Geschwindigkeit für brauchbare Reaktionen nötig. Wie die Gleichungen über den Verlauf chemischer Reaktionen zeigen, ist die Reaktionsgeschwindigkeit abhängig von zwei Faktoren, von denen der eine die Konzentrationen der reagierenden Stoffe, der andere äußere Einflüsse in der Konstanten K zum Ausdruck bringt. Soll die Reaktionsgeschwindigkeit erhöht werden, so wird diese Erhöhung einmal durch eine Vermehrung der Konzentrationen zu erreichen sein, andererseits durch Vergrößerung des Faktors K. Beide Möglichkeiten werden zur Erhöhung der Reaktionsgeschwindigkeit wirklich benutzt. Da sich der Erhöhung der Konzentration über ein gewisses Maß hinaus durch Begrenzung der Löslichkeit u. s. w. immer Schwierigkeiten in den Weg stellen, so ist die Variationsmöglichkeit von K bei weitem geeigneter, um Reaktionsbeschleunigungen zu erzielen. Ein sehr gebräuchliches Mittel ist es z. B., Reaktionen, die bei gewöhnlicher Temperatur nur sehr langsam verlaufen, durch Erhöhung der Temperatur zu fördern. Ebenso wird K bei der Zersetzung der Halogensilberverbindungen (Photographie) durch Belichtung vermehrt.

Auf eine besondere Art, die Vergrößerung des Faktors K herbeizuführen, soll hier näher eingegangen werden, weil sie besonders für die homogenen Systeme, zu denen ja die Lösungen gehören, von Bedeutung ist. Es hat sich nämlich gezeigt, daß eine ganze Zahl von Reaktionen dadurch beschleunigt wird, daß man dem Reaktionsgemisch gewisse Stoffe zusetzt, welche nicht dauernd an der Reaktion beteiligt sind. Am bekanntesten im praktischen Leben ist diese Wirkung wohl bei einer Reaktion geworden, die sich nicht in den Lösungen, sondern bei den Gasen abspielt. Das Leuchtgas verbindet sich mit dem Sauerstoff der Luft bei gewöhnlicher Temperatur nur so langsam, daß eine Verbrennung nicht stattfindet. Man kann aber die Reaktionsgeschwindigkeit erhöhen, so daß die durch die Reaktion entwickelte Wärme die Verbrennung des Leuchtgases unterhält, wenn man die Temperatur anfangs steigert, indem man das Leuchtgas anzündet. Denselben Zweck kann man ohne äußere Erwärmung auch erreichen, wenn man in das Leuchtgas etwas fein verteiltes Platin bringt, welches, ohne dauernd verändert zu werden, die Reaktionsgeschwindigkeit zwischen Leuchtgas und Sauerstoff derart vermehrt, daß sie zu einer Verbrennung des Leuchtgases führt (Selbstzünder). Ein Stoff, welcher ohne dauernd an der Reaktion teilzunehmen, die Reaktionsgeschwindigkeit verändert, wird als Katalysator, seine Wirksamkeit als Katalyse oder katalytische Wirkung bezeichnet. In welcher Weise Katalysatoren wirken, ist uns nicht sicher bekannt. In vielen Fällen läßt sich wohl die Reaktionsbeschleunigung darauf zurückführen, daß der als Katalysator verwendete Stoff C mit einem der beiden reagierenden Stoffe A eine leicht zersetzliche Verbindung bildet, die mit dem zweiten vorhandenen Stoffe B schnell reagiert und unter Regeneration des Katalysators die Verbindung der beiden Stoffe A und B beschleunigt, so daß diesen Vorgang das folgende Formelbild veranschaulichen könnte:

$$A + \underset{\text{Katalysator}}{C} = AC$$

$$\underset{\substack{\text{unbeständige}\\ \text{Verbindung}}}{AC} + B = AB + \underset{\text{Katalysator}}{C}.$$

Da der Katalysator immer wieder regeneriert wird, so ist es klar, daß eine kleine Menge desselben ausreicht, um große Mengen von *A* und *B* miteinander zu verbinden. Es läßt sich aber sicher sagen, daß diese Erklärung nicht für alle Fälle der Katalyse ausreichen kann. Wenn wir aber auch den Einfluß, den gewisse Fremdkörper häufig schon in minimalen Mengen auf den Faktor *K* in der Gleichung der Reaktionsgeschwindigkeit ausüben, nicht erklären können, so ist doch die große Bedeutung dieser Erscheinung sicher erkannt.

Gerade in den Lösungen vollzieht sich eine Reihe sehr wichtiger Reaktionen unter dem Einfluß von Katalysatoren, und besonders in den Lösungen des Organismus spielen dieselben eine hervorragende Rolle. Es handelt sich dabei häufig um sehr komplizierte Vorgänge, deren Geschwindigkeit, wie schon lange bekannt, geregelt wird durch die Anwesenheit sogenannter Enzyme oder Fermente (im Speichel, im Magensaft u. s. w.). Früher hatte man freilich geglaubt, daß diese Enzyme oder Fermente die Reaktionen nicht nur beschleunigen, sondern sogar hervorrufen. Aber diese Annahme ist zu verwerfen, da allen Körpern entsprechend ihren Konzentrationen eine gewisse chemische Verwandtschaft von vornherein zugestanden werden muß; nur ist die Geschwindigkeit, mit welcher die im Organismus verlaufenden Reaktionen vor sich gehen, ohne die Gegenwart der Enzyme sehr gering. Die Enzyme wirken also katalytisch beschleunigend, indem sie den Faktor *K* der Reaktionsgeschwindigkeitsgleichung erhöhen. Daß die Enzyme in der Tat nahe Analoga zu gewissen anorganischen Katalysatoren sind, welche ähnlich wirken, wie das Platin bei der Entzündung des Leuchtgases, zeigt sich daran, daß die anorganischen Katalysatoren und die Enzyme bereits in großen Verdünnungen wirken, daß sie beide beim Erwärmen ihren Zustand und damit ihre katalytische Wirksamkeit ändern, daß sie nur in fein verteiltem Zustande, also bei Gegenwart einer großen Oberfläche wirken, und daß sich bei beiden Vergiftungserscheinungen zeigen. Um letzteres zu erläutern sei erwähnt, daß es ja lange bekannt ist, daß man die Tätigkeit des Organismus durch Blausäure und andere Blutgifte vernichten kann. Es hat nun die Untersuchung gelehrt, daß auch die katalytische Wirkung von fein verteiltem Platin durch Blausäure aufgehoben werden kann. Sind die Mengen hinzugesetzter Blausäure minimal, dann zeigt das Platin zuerst eine Schwächung seiner katalytischen

Wirkung, die aber später wieder erhöht wird, eine Erscheinung, die mit einer nicht tötlichen Vergiftung, einem Erkranken des Organismus und seiner späteren Erholung nahe Ähnlichkeit aufweist. Die Tatsache der Katalyse, deren genaues Studium bei Reaktionen in Lösungen in letzter Zeit mit Erfolg versucht worden ist, erscheint also geeignet auch auf die wichtigen Lebensreaktionen des Organismus, die in den Lösungen des Tieres und der Pflanze verlaufen, ein bedeutsames Licht zu werfen und damit die vegetative Seite des Lebens der naturwissenschaftlichen Erkenntnis weiter näher gerückt zu haben.

In kurzen Zügen habe ich versucht, ein Bild von dem Wesen der Lösungen nach dem heutigen Stande der Kenntnisse zu entwickeln. Es liegt in der Natur unserer Erkenntnis begründet, daß alle Anschauungen und Theorien dem Fortschritt der Wissenschaft folgend, dauernd der Veränderung unterliegen, bis sie zuletzt ganz aufgegeben und durch neue Vorstellungen ersetzt werden. Es wird dies auch das schließliche Ende der Theorien von van't Hoff und Arrhenius sein; aber zweifellos ist es, daß ihre Ideen unseren Kenntnissen am besten entsprochen haben, und daß sie sich als treffliche Führer in dem Weiterbau der Wissenschaft gezeigt haben und noch täglich bewähren. Unsere Lösungstheorie wird stets in der Geschichte der Naturwissenschaften einen Ehrenplatz einnehmen und einen Markstein bedeuten, an dem die Entwicklung naturwissenschaftlicher Erkenntnis vorbeigeführt hat.

Druck von Metzger & Wittig in Leipzig.

FSC
www.fsc.org
MIX
Papier | Fördert gute Waldnutzung
FSC® C083411

Kolibri 360 GmbH
Ferdinand-Jühlke-Straße 7
99095 Erfurt, Deutschland
produktsicherheit@kolibri360.de